우리는 모두
2% 네안데르탈인이다

우리는 모두

우은진 정충원 조혜란 지음

2%

우리의 뼈와 유전자로 들려주는
최신 고인류학 이야기

네안데르탈인이다

뿌리와
이파리

차례

contents

◆ 일러두기

1. 해부학 관련 용어는 학술적으로 사용되는 용어보다는 비전문가가 이해하기 쉽도록 일상에서 사용되는 용어를 먼저 고려하여 사용하였고, 판단이 애매한 경우는 정식 학술용어와 일반적으로 사용되는 용어를 함께 병기했다. 학술용어는 대한해부학회에서 발행한 해부학용어(2014. 아카데미아)를 참고하였다.

2. 인명, 작품명, 지명 등은 국립국어원의 외래어 표기법을 따랐지만, 관례로 굳어진 경우는 예외를 두었다.

3. 단행본, 정기간행물, 신문 등에는 겹낫표(『 』), 논문, 단편소설 등에는 홑낫표(「 」), 영화, 드라마, 텔레비전 프로그램 등에는 홑화살괄호(〈 〉)를 사용했다.

4. 이 책에 실린 일러스트는 박수영이, 사진은 퍼블릭도메인이거나 크리에이티브 커먼즈 라이선스를 따르는 것들이다.

들어가며

뼈의 생김새와 뼈에 남은 질병의 흔적을 연구하는 인류학자(우은진), 뼈 조직의 양상으로 사람의 특성을 연구하는 인류학자(조혜란), 집단의 유전자 염기서열 자료로 과거의 역사를 복원하는 인류학자(정충원).

우리는 소위 뼈 좀 본다는 사람들이다. 누구를 대상으로 하든 뼈 얘기만으로 서너 시간은 너끈히 떠들 수 있다. 우리 중에는 뼈의 형태를 보는 연구자도 있고, 뼈의 조직을 현미경으로 보는 연구자도 있고, 뼈에서 뽑아낸 유전자의 염기서열을 보는 연구자도 있어서 정도의 차이는 있지만 우리 모두는 죽은 사람의 몸을 구석구석 살펴서 그 사람의 생애와 그가 속한 집단의 삶이 어떠했는지를 분석한다.

죽은 사람의 몸을 연구한다는 사실이 다소 무시무시하게 들릴지도 모르겠다. 하지만 죽은 지 아주 오래된 사람의 몸은, 특히 뼈만 남은 경우는 생각보다 아주 깨끗하다. 아무리 깨끗하더라도 죽은 사람의 몸인데 무섭거나 께름칙하지 않으냐고 묻는 사람들이 많다. 여기에 대한 우리의 한결같은 대답은 산 사람이 무섭지, 죽은 사람의 몸은 전혀 무섭지 않다는 것이다.

우리는 이 책에서 우리와는 다른 옛 인류인 네안데르탈인의 뼈에 대해서 이야기하려고 한다. 왜 하필 주인공이 네안데르탈인일까? 이순신 장군이나 세종대왕의 뼈라면 친근감이 마구 샘솟을 텐데 말이다. 하지만 불행히도 그런 위인들의 뼈는 여태 발견되었다는 얘기를 들어본 적이 없다. 그렇다면 몇만 년 전에 살았던 네안데르탈인의 뼈에 대한 이야기가 오늘 우리와 도대체 무슨 상관이길래?

우리 할아버지의 할아버지인 고조할아버지만 하더라도 지금으로부터 100년은 족히 거슬러 올라가야 하는데, 하물며 몇만 년 전에 살았던 네안데르탈인이라니…… 이건 상상하기조차 어렵다. 그러니 오늘 우리에게 네안데르탈인의 이야기는 너무나 다른 세상의 이야기처럼 들리는 게 당연하다. 어디 이뿐이랴. 설상가상으로 우리나라 사람들 대부분에게 네안데르탈인은 거의 존재감이 없다. 대부분의 사람들이 네안데르탈인에 대해서 기억하는 거라곤 학창시절 배웠던 몇몇 단어 정도밖에 없으니 말이다.

네안데르탈인은 지금은 우리와 같이 살고 있지 않지만 한때는 분명 우리와 함께 살았던 이웃이다. 또 우리는 호모 사피엔스이면서 이미 절멸한 네안데르탈인의 유전자를 일부 지니고 있다. 내 머리카락 몇 올이나 입안쪽의 세포를 긁어 유전자 분석을 의뢰하면 내 몸 안에 네안데르탈인 유전자가 얼마나 있는지 정확하게 알 수 있다. 네안데르탈인의 유전자가 우리 몸속에 있다는 사실은 우리가 부분적으로는 네안데르탈인이기도 하다는 의미이다.

단 몇 퍼센트일지라도 우리 몸에 네안데르탈인의 유전자가 남아 있다는 사실은 매우 놀랍다. 우리와 네안데르탈인이 언제 갈라졌으며 서로 얼마나 다른지에 대한 연구는 1997년 네안데르탈인의 유전자 분석 결과가 최초로 발표된 이후 지금까지 계속되고 있다. 뿐만 아니라 이와 관련된 연구들은 현재 인류의 기원과 진화를 탐구하는 학문 분야에서 가장 핫한 주제들이기도 하다.

우리는 이 책에서 한때 분명 우리의 이웃이었으며, 어쩌면 오늘날까지 우리와 싸우고 사랑하기를 반복하며 함께 살았을지도 모를 네안데르탈인에 대해서 이야기하고자 한다. 그들의 이야기는 곧 우리의 이야기이기도 하다. 그것은 오늘날 우리가 어떻게 진화하여 지구 속속들이 들어차지 않은 곳이 없을 정도로 퍼져나갔는지에 대한 이야기의 서막에 바로 네안데르탈인과 그들의 운명에 대한 이야기가 자리하기 때문이다.

만약 네안데르탈인이 절멸하지 않고 여전히 살아남아, 우리와 함께 살고 있다면 어떤 모습일까? 출근 길, 나와 함께 지하철에 나란히 앉아 있고 매일 같은 엘리베이터를 타고 있다면, 과연 나와 네안데르탈인이 다르게 보일까? 다르게 보인다면, 어디가, 얼마나 다르게 보일까? 붉은 기운이 감도는 부슬부슬한 머리카락에, 우리보다는 좀 더 큰 눈과 코를 가지고 작달막한 키에 떡 벌어진 어깨를 가진, 한 여자가 내 옆에 앉아 있다. 과연 고개를 돌려 쳐다볼 만큼 그들이 우리 눈에 이상하게 보일까?

최근에 복원된 네안데르탈인의 이미지들은 오랫동안 네안데르탈인의 전형이라고 생각해왔던, 투박한 골격을 가진 야만스러운 원시인의 모습이 아니다! 이들의 모습은 마치 배낭여행 중에 유럽 어딘가에서 한 번쯤 마주쳤더라도 크게 어색하지 않을 정도로 익숙하다. 어쩌면 지난 시간 동안 우리와 네안데르탈인 사이에 존재했던 간극은 종류의 차이가 아닌 정도의 차이일지 모른다. 이 책에서 우리는 시간을 거꾸로 되돌려 네안데르탈인이 처음 우리 앞에 모습을 드러낸 순간부터 오늘 그들의 뼈를 통해 드러난 그들의 삶과 우리와의 관계에 대한 이야기를 하려고 한다.

한때 네안데르탈인이 지구상에서 완전히 사라졌다고 생각했지만 그들은 사라지지 않았고, 우리 몸속의 유전자 안에 완벽하게 살아남았다. 지금껏 네안데르탈인은 우리에게 생소하기 짝이 없는 외국어 지명에서 유래된 낯선 용어에 불과했다. 적어도 우리가 그들의 뼈를 들여다보기 전에는 말이다. 하지만 우리가 그들의 뼈를 들여다보는 순간 그들은 우리에게 다가와 사람의 이웃으로서의 진면목을 보여줄 것이다. 또 우리의 이웃 인류였던 네안데르탈인의 뼈를 파헤치면서 인류 진화사를 통틀어 가장 스마트한 인류인 호모 사피엔스가 되기까지 우리의 몸은 왜 이렇게 디자인된 것인지에 대해 깊이 생각해볼 수 있으리라.

어릴 때 나는 오스트랄로피테쿠스에서 호모 하빌리스, 호모 에렉투스, 네안데르탈인, 크로마뇽인 순으로 진화가 이루어졌다고 생각한 적이 있다. 하지만 호모 하빌리스가 진화해서 호모 에렉투스가 되고 호모 에렉투스가 진화해서 네안데르탈인, 또 네안데르탈인이 진화해서 크로마뇽인이 된 것이 결코 아니다. 인류 진화는 계단을 밟고 오르는 것처럼 한 단계가 지나면 다음 단계가 이어지는 식으로 일어나지도 않았고, 더군다나 정해진 방향도 없다. 요즘도 혹시 이렇게 알고 있는 이들이 있을까? 이 책이 생소하기만 한 옛 인류에 대한 연구가 우리와 동떨어진 별개의 학문이 아니라는 사실을 깨닫는 계기를 제공할 수 있었으면 한다.

마지막으로 지금까지 우리나라는 인류의 기원과 진화를 연구하는 학문 분야인 고인류학의 불모지와도 같았다. 오스트랄로피테쿠스나 호모 하빌리스, 네안데르탈인 같은 옛 인류의 화석이 나오지 않으니 당연한 거 아니냐고 얘기할지 모르겠다. 하지만 아프리카에서 발견된 화석을 아프리카 학자들만 연구하고, 유럽에서 나온 화석을 유럽의 학자들끼리만 연구하진 않는다. 전 세계인들이 우리 현생인류가 어디에서 기원해서 어떻게 퍼져 나갔는지에 대해 관심을 갖고 연구하고 있다는 말이다. 그러니 우리도 우리의 뿌리를 한반도 안에서만 들여다보지 말고 저 멀리 수백만 년 전으로 시선을 옮겨보자.

얼마 전 기사를 보니 2018년 충남 공주시에서 '네안데르탈인 특별전'을 개최한다고 한다. 공주와 독일 뒤셀도르프시에 있는 네안데르탈 박물관이 이 특별전을 함께 기획한다. 우리나라 구석기시대를 대표하는 공주 석장리 유적이 있는 그곳에서 네안데르탈인의 유산이 우리와 만날 날을 기다리고 있는 것이다. 네안데르탈인을 만나러 독일까지 가지 않아도 되니 이 얼마나 반가운 소식인가.

유명한 '루시'를 발견한 인류학자 도널드 칼 조핸슨은 인류 화석이 특별한 마법을 발휘한다고 말했다. 우리의 이웃 인류가 어떤 존재였는지에 대한 이야기를 가득 담은 이 책도 무미건조한 세상에서 특별한 마법을 발휘하기를 바라본다. 뼈는 결코 무미건조하지 않고 우리 삶에 대해서 많은 이야기를 들려줄 것이다.

2018년 1월 대표저자 우은진

제1장

불완전한 사람

세상에 없을 한심한 짓이나 파렴치한 짓을 한 사람을 보고 우리는 결코 무심히 지나치지 않는다. 예를 들어 어느 부부가 게임에 빠져 아기를 돌보지 않고 내팽개쳐 죽게 했다고 치자. '아, 이런 일이 있었구나' 하고 무덤덤하게 지나칠 수 있을까? 또 어느 자식이 재산 상속에 눈이 멀어 부모를 살해한 사건을 보며 한마디 하지 않고 넘어갈 수 있을까? 이런 순간엔 나도 모르게 "짐승만도 못한 인간!"이라는 말이 불쑥 튀어나온다.

그런데 이 말을 좀 곱씹어보면 비난이긴 하지만 그리 나쁜 말만은 아닌 것도 같다. 이 말은 그런 짓을 한 주체가 짐승, 즉 몸에 털이 나고 네발이 달린 동물보다 못한데, 어쨌든 인간이라는 뜻이 아닌가! 그러고 보면 이 말은 무슨 짓을 하더라도 인간은 끝까지 인간이라는 사실을 상기시킨다는 점에서 우리에게 본의 아니게 위안을 주는 듯도 하다.

이 대목에서 좀 생뚱맞은 질문일지 모르겠지만, 그런 인간과 인간다움을 정의하는 기준은 무엇일까? 어떻게 생겨야, 어떤 행동을 해야만 끝까지 사람이라 부를 수 있고 또 불릴 수 있을까? 아무리 똑똑한 천재 침팬지

내 옆엔 침팬지!

인간

침팬지

고릴라

오랑우탄

영장류 나무의 사람과 대형 유인원 가지.

라 할지라도 침팬지는 어디까지나 침팬지이다. 하지만 유전자 수준에서 보자면 침팬지는 우리와 98.7퍼센트의 유전자를 공유하기 때문에 고릴라나 오랑우탄보다 우리와 훨씬 더 가깝다. 이런 이유로 침팬지를 사람과 같이 묶어서 호미닌hominin이라는 분류군에 집어넣기도 한다.

어떻게 침팬지가 고릴라나 오랑우탄이 아닌 우리와 더 가까울 수 있을까? 동물원의 유인원사에서는 오랑우탄이나 고릴라의 바로 옆방을 쓰는 입장인데도, 침팬지는 우리와 더 가까운 존재이다. 이건 어쩌면 침팬지 입장에서도 이해되지 않을 일인지 모른다. 그렇다면 어떤 특징이 사람을 사람이게 하고, 침팬지를 침팬지이게 하는 건가? 또 고릴라를 고릴라답게, 오랑우탄을 오랑우탄답게 하는 건 무엇일까?

꼬리에 꼬리를 물고 계속되는 이러한 질문들에 대한 답을 찾기 위해 오래도록 고민에 고민을 거듭한 학문이 있었으니, 바로 '고인류학古人類學, pa-leoanthropology'이라는 학문이다. 고인류학이라는 이름에는 사람을 연구하는 학문인 '인류학'이 들어 있고 그 앞에 옛날을 뜻하는 '고(한자로는 古, 영어로는 paleo)'자가 붙어 있다. 즉 이 학문은 사람을 연구하되 수백만 년에 걸쳐 이루어진 사람의 진화를 주로 화석 기록으로 탐구하는 학문이다.

사람의 진화를 탐구하는 작업은 결코 단순하거나 명쾌하지 않다. 수백만 년 전부터 수만 년 전까지 지구상에 무슨 일이 있었는지를 밝혀내야 하는 일이 간단하고 명료할 리 없지 않은가. 이 과정은 그 어떤 스펙터클 판타스틱 미스터리 스릴러보다 흥미롭지만, 배경과 등장인물이 너무나도 복잡한 대서사극처럼 혼란스럽기도 하다. 또 언제든 새롭게 수정될 여지도 있어서 오늘 알려진 내용이 내일은 새로운 화석 또는 새로운 분석 방법의 등장으로 대폭 수정되기도 한다.

예를 들면 20년쯤 전의 이 분야 교과서에는 지금 알려진 것과 상당히 다른 내용들이 많다. 대표적으로 그 시절 교과서에는 인류의 조상이 350만년 전 무렵에 처음 등장했다고 쓰여 있다. 하지만 오늘날에는 그 두 배 가까이 시간을 거슬러 올라간다. 즉 700만 년 전에서 600만 년 전에 살았던 것으로 추정되는 사헬란트로푸스 차덴시스Sabelanthropus tchadensis 화석이 2001년에 발견되었기 때문에 지금은 이 종種이 인류 족보의 첫 장 첫 줄에 쓰여 있다.

사헬란트로푸스 차덴시스는 가끔 두발로 걷기도 했지만 주로 네발로 걸었던 것으로 보이고, 뇌 용량은 침팬지와 비슷한 수준으로 오렌지 크기만 하다. 이들은 우리 종이 침팬지 계보와 갈라진 후 인류로서의 변화를

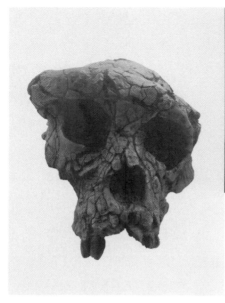

사헬란트로푸스 차덴시스 화석과
복원 모습.

보이는 첫 번째 종이다. 따라서 지금까지 발견된 종들 중에서는 인류계보
에서 가장 오래된 조상임에 분명하다.

　그렇다면 과연 이들을 우리와 같은 종류의 사람이라고 할 수 있을까?
이들이 복원된 모습을 한 번이라도 본 적이 있다면 우리와 같은 종류의 사
람이라고 하기는 어려울 것 같다. 또 이후에 등장하는 수많은 종들과 이들
이 어떤 관계인지, 그 모든 종들이 어떻게 연결되어 오늘날 우리, 즉 현생
인류가 등장한 것인지는 여전히 분명하지 않다.

　그렇다면 언제부터 지구상에 우리와 같은 사람이 등장한 걸까? 오늘날
우리 호모 사피엔스는 온 지구를 다 덮을 만큼 번성하여 지구 곳곳을 누비
고 있다. 호모 사피엔스는 칼 폰 린네Carl von Linne가 정한 이중명명의 규
칙에 따라 호모*Homo*라는 속genus과 사피엔스*sapiens*라는 종species 이름을

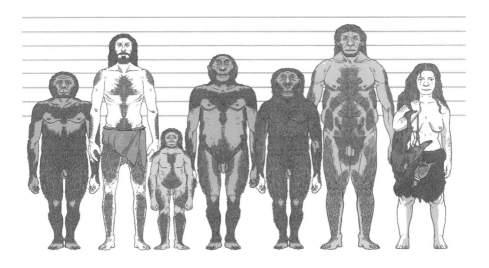

인류 진화사의 주역들:
키도, 얼굴도 다양하다. 맨 오른쪽은 네안데르탈인, 왼쪽에서 두 번째가 호모 사피엔스다.

갖는 동물을 의미한다. 이렇게 보자면 호모 사피엔스가 매우 명료하게 정
의되지만 우리의 등장과 진화과정은 여전히 모호한 부분이 많다.

또 우리 호모 사피엔스는 지구상에 등장했던 첫 순간부터 사람이라 불
리는 유일한 종이었을까? 현재는 우리 종만 남았지만 처음부터 그랬던 것
은 아니다. 지금까지 밝혀진 바에 따르면, 어떤 인류도 지구상에 한 종만
존재한 적은 없었던 것 같다. 많은 사람들이 알고 있는 일명 '루시', 즉 오
스트랄로피테쿠스 아파렌시스*Australopithecus afarensis*도 여러 종들과 공존
했다.

호모 사피엔스가 나타나기 이전에는 이미 여러 종류의 사람이 있었다.
즉 현대 호모 사피엔스modern *Homo sapiens*가 등장하기 이전에 옛 호모 사
피엔스archaic *Homo sapiens*라고 분류되는 사람 속에 속하는 종들이 있었다.

또 그보다 훨씬 전에는 사람 속의 조상이라고 부를 만한 선조 인류들이 있었다. 복잡하게 생각될 수 있지만 한 집안의 족보를 보더라도 무수한 할아버지와 할머니들이 서로 이어져 있지 않나. 그러한 족보와 현생인류의 족보가 다른 점은 현생인류의 족보에선 그 무수한 할아버지, 할머니들의 직계 후손들이 누구인지를 명확하게 알 수 없다는 사실이다. 또 족보 속에 등장하는 조상들 외에 여전히 우리가 알지 못하는 조상들이 얼마나 더 있는지도 알지 못한다.

그렇다면 호모 사피엔스가 등장했을 때 지구에는 어떤 존재가 퍼져 살고 있었을까? 오늘날 호모 사피엔스의 조상이 아프리카에서 벗어나 새로운 대륙으로 영역을 넓혀나갔을 때 이미 그 땅에 정착해 있던 인류는 없었을까? 만약 함께 살았던 이웃 인류가 있었다면 그들은 왜 모두 멸종하고, 현재는 호모 사피엔스만 남아 있는 걸까? 또 옛 호모 사피엔스와 현생인류는 어떤 관계일까? 오늘날 현생인류만이 살아남고 나머지 종들은 모두 멸종했으니, 우리만이 완전한 사람이고 나머지 사라진 종들은 모두 인류 진화사의 패배자이자 불완전했던 사람인 걸까?

진화의 곁가지

다행스럽게도 오늘날 우리는 우리와 함께 살았던 이웃 인간 종이 '호모 네안데르탈렌시스*Homo neanderthalensis*'였다는 사실을 잘 알고 있다. 흔히 네안데르탈인Neanderthals이라 불리는 이들은 13만 년 전부터 3만 년 전 무렵까지 지구에서 살다가 사라진 수수께끼 같은 존재이다. 이들의 화석은 고인류 화석을 통틀어 가장 먼저 발견되었고, 또 가장 많은 수가 남아 있기도 하다. 이러한 이유로 지금까지 발견된 모든 종들 가운데 연구가 가장 많이 이루어진 종이기도 하다. 부스러진 뼈대로 단 몇 개체만 존재하는 인류도 있는데, 네안데르탈인의 화석은 500여 개체가 넘으니 이건 정말 어마어마한 숫자다.

만약 네안데르탈인이 지구상에서 사라지지 않고 여전히 살아남아, 우리와 함께 살고 있다면 어떨까? 어쩌면 우리는 영어 대신에 세계 공용어로 채택된 네안데르탈어를 배우느라 골치를 썩고 있을지 모른다. 또 매일 그들과 같은 엘리베이터를 타고 지하철에 함께 몸을 싣고 학교에 가고 회사에서는 동료로 함께 일하며 지내지 않았을까? 하지만 이런 일들은 일어나지 않았다. 호모 사피엔스의 유일한 이웃이었던 네안데르탈인은 지구상에서 사라졌고 지금은 불완전한 옛 인류로서 진화의 역사에서만 언급되고 있다. 우리와 그들이 함께 공존했던 시간 동안 대체 어떤 일들이 있었던 걸까?

한때 네안데르탈인은 현생인류가 진화하는 과정에서 아무런 역할도 하지 않고 완전히 멸종해버린 막다른 가지 하나에 불과한 종이었다. 따라서 그들은 거의 지난 한 세기 동안 현생인류의 진화 과정에서 그 기여도를 전혀 인정받지 못한 흑역사의 주인공이기도 하다. 말하자면 현생인류와 함께 살긴 했지만 현생인류와는 그 어떤 유전적 교류도 없이 살다가 고립되어 결국은 진화의 역사에서 완전히 사라진 그런 종이었다.

뿐만 아니라 우리가 원시인 하면 떠올리는 이미지들은 대부분 네안데르탈인의 독특한 형태에서 온 것들이다. 앞으로 툭 불거져 나온 커다란 눈두덩과 낮은 이마, 작은 키에 과도하게 성난 근육을 가진 이들이 동굴에서 모피를 걸치고 걸어 나오는 장면은 어느 누구에게나 익숙하지 않은가. 네안데르탈인은 인류 진화라는 게임의 무대에서 사라져버렸기 때문에 그들은 오늘날 우리의 관점에서 우월한 현생인류와 대비되는 열등한 야수로 늘 그려져왔다.

그런 그들이 완벽하게 멸종하지 않고 우리 몸속의 유전자 안에 살아 있다니! 한때 인류 진화의 곁가지에 불과한 종이라 치부했던 그들이 오늘날까지 살아남아 우리의 핏속을 유유히 흐르고 있다는 사실은 그야말로 소름끼치는 반전이다. 말하자면 한때 우리가 완전히 흡수했거나 우리의 우수한 문화로 완전히 멸종시킨 줄 알았던 네안데르탈인은 여전히 우리와 함께 오늘을 숨 쉬고 있었다. 그러니까 네안데르탈인은 우리의 이웃이자 친구였을 뿐 아니라 연인이자 배우자이기도 했던 것이다.

또 네안데르탈인은 우리처럼 친구가 죽으면 슬퍼했고 동료가 불구가 되면 그가 정해진 삶을 다해 살아갈 수 있도록 곁에서 보살폈다. 사냥을

오늘날 네안데르탈인은 이처럼 친숙한 이미지로 표현된다.

나갈 땐 함께 전략을 논의했고, 무리의 일원이 죽으면 그를 매장하기도 했다. 어디 이뿐이랴. 경이롭기까지 한 기술로 돌을 떼어내 도구를 만들어 사용했고, 다양한 형태의 장신구로 자신의 몸을 꾸밀 줄 아는 감각도 지니고 있었다. 이런 그들을 단지 사라졌기 때문에 불완전했던 옛 인류로 평가하는 것은 결코 옳지 않다.

이 장에서는 다이내믹했던 진화의 시간 속에서 우리의 선배 인류이면서 우리와 함께 공존했던 이웃, 네안데르탈인을 소개하고자 한다. 네안데르탈인은 오늘날 '우리'를 새롭게 정의하도록 하였고, 이 과정에서 우리의 뿌리를 찾는 작업이 얼마나 복잡하고 심오한지를 새삼 일깨워준 장본인이다. 분명 한때는 동굴 속의 미개인으로 오해를 받는 때도 있었다. 하지만 지금은 털을 어수룩하게 기른 프랑스 영화배우 제라르 드파르디외나 『빨강머리 앤』에 나오는 마음씨 좋은 매슈 아저씨가 생각날 만큼 친숙한 존재로 그려지고 있다. 지금부터 이 기막힌 반전극의 주인공을 만나러 가보자.

사람의 이웃, 네안데르탈인

교과서에서 잠깐 스쳐 지나간 이름이지만 네안데르탈인 하면 무슨 생각이 가장 먼저 떠오르는가? 독일, 네안더 계곡, 네안데르탈 박물관, 동굴, 매장 문화 등의 단어들이 연상될 수도 있고, 허름한 털옷을 입은 원시인의 이미지가 먼저 떠오를 수도 있겠다. 그도 아니면 수업시간에 스쳐 지나간 단어에 불과하므로 정말 아무 생각도 나지 않을지 모르겠다.

하지만 미국에서는 네안데르탈인 하면 많은 사람들이 '게이코 케이브

맨GEICO Caveman'을 먼저 떠올린다. 케이브맨은 원시인이나 혈거인을 뜻하는 영어 단어다. 게이코 케이브맨은 게이코란 보험 회사에서 만든 유명 광고 속에 등장한 캐릭터로 네안데르탈인을 모방해서 만들어졌다. 그 광고에서는 '케이브맨도 할 수 있을 만큼 쉽다So easy, a caveman could do'라는 카피가 등장하는데, 이 표현이 옛 인류를 모욕하는 의미로도 읽혀서 이슈가 되기도 했다.

어쨌거나 많은 미국인들은 네안데르탈인 하면 가장 먼저 지저분하고 무식한 이 케이브맨을 떠올린다. 케이브맨처럼 네안데르탈인은 정녕 지저분하고 무식한 동굴 속의 원시인이었을까? 이제부터 이들을 제대로 만나보자. 우리 눈에 걸쳐 있는 색안경을 벗고 그들이 누구인지를 들여다보도록 하자.

네안데르탈인은 약 13만 년 전부터 3만 년 전 무렵까지 주로 유럽과 서남아시아 일대에 퍼져 살았다. 화석은 주로 독일과 벨기에, 스페인, 이탈리아, 프랑스 등지에서 많이 발견되었지만 근동과 중동 지역, 중앙아시아까지 그들이 살았던 흔적이 확인된다. 또 화석들이 대부분 동굴에서 발견되었기 때문에 주로 동굴을 근거지로 삼고 살았던 것으로 보인다. 몇 번의 빙하기를 거쳐 살았던 네안데르탈인에게 동굴보다 더 바람직한 주거환경은 없었던 것 같다. 네안데르탈인에서 시작된 동굴 속의 원시인에 대한 이미지 때문에 옛 인류들은 대부분 동굴 속에서 살았을 것처럼 생각되지만 반드시 그렇지는 않다.

우리 호모 사피엔스는 동굴 속에서도 살았지만 시야가 확 트인 동굴 밖에 집을 짓고 살기도 했다. 동굴이냐 동굴 밖이냐가 중요한 건 아니었던 것 같다. 중요한 건 이들 모두 뒤로는 병풍 같은 산이, 앞으로는 시원하게

지저분하고 무식한 동굴맨(케이브맨)이 아니었구나!

배산임수

사냥

매장 문화

후~

삶의 터전을 고르는 안목은 호모 사피엔스나 네안데르탈인이나 크게 다르지 않았다.

강이나 평원을 내려다볼 수 있는 곳에 자리를 잡고 살았다는 사실이다. 배산임수背山臨水는 정녕 오늘날 우리에게만 중요했던 건 아니었다. 고고학자들에 따르면, 네안데르탈인의 동굴은 주로 입구가 남쪽으로 트여 있고 앞으로 작은 평원을 굽어보는 자리에 위치했다. 그러니 우리가 저 푸른 초원 위에 집을 짓고, 앞으로 잔잔히 흐르는 강을 내려다보며 마음의 평화를 얻는 것도 알고 보면 아주 오래된 진화의 유산일지 모른다.

네안데르탈인이 가진 특징은 새롭고 놀랍다. 그것은 네안데르탈인 이전에 존재했던 호모 속屬에 속하는 종들, 즉 호모 하빌리스Homo babilis나 호모 에렉투스Homo erectus에게서 물려받았다고 보기 어려운 특징들이 네안데르탈인에게서 발견되기 때문이다. 이 새로운 특징들을 우리는 '네안

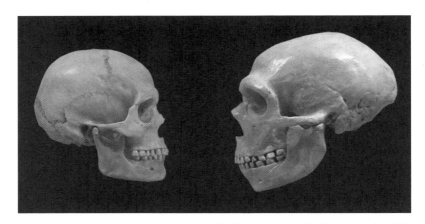

호모 사피엔스(왼쪽) vs. 호모 네안데르탈렌시스(오른쪽).

데르탈적 특징'이라고 부른다. 네안데르탈인이 등장하기 이전까지 호모 속의 진화적 경향이란 대체로 머리는 커지고 이와 반대로 치아는 점차 작아지며 전체적으로 굳세 보이는 느낌을 갖는 골격이 점점 연약한 느낌으로 변화하는 것을 말한다.

그렇다면 네안데르탈적 특징은 이러한 진화의 흐름에서 완전히 벗어난 것일까? 그렇지는 않다. 일부 특징이 일반적인 진화의 경향과 어긋나기도 하지만 진화적인 흐름을 따지기 어려운 네안데르탈인만의 독특한 특징들이 더 많다. 네안데르탈인의 화석을 보면, 옆에서 봤을 때 앞머리에서 뒤통수까지 머리가 길고, 앞이마는 비교적 낮으며, 뒤통수 한가운데가 불룩하게 튀어나와 있다. 앞에서 봤을 때는 코가 크고 얼굴은 돌출되었으며 앞니가 많이 닳았고 큼직하다. 또 짤막한 키에, 다부진 골격을 가진 것도 네안데르탈인이 갖는 특징이다.

이러한 특징을 가진 네안데르탈인이 우리와 어떤 점에서 다른지 알아보자. 그들이 가진 스펙을 우리와 비교해보면, 먼저 우리보다 훨씬 일찍 지구상에 등장했다는 점이 눈에 띈다. 주요 활동무대는 우리가 전 지구에 퍼진 것과 달리, 서유럽에서 동쪽으로 시베리아까지만 퍼져 살았던 것으로 현재까지 확인된다.

호모 네안데르탈렌시스와 호모 사피엔스의 스펙 비교

	호모 네안데르탈렌시스	호모 사피엔스
지구상에 등장한 시기	13만 년 전 무렵	10만~5만 년 전 *
사라진 시기	약 3만 년 전	여전히 번성 중
주요 활동무대	유럽과 서남아시아	전 지구
평균 뇌 용량	1450cc	1345cc
신체 특징	얼굴이 크다. 키가 작고 근육이 잘 발달했다.	다리가 길고 전체 뼈대가 연약하다.
생계 경제	수렵과 채집, 주로 수렵에 의존	주어진 상황에 따라 닥치는 대로 수렵과 채집
보유 무기	주로 무스테리안 석기	자유자재로 돌을 깎고 다듬어 석기를 만들고 창도 제작

평균 뇌 용량은 놀랍게도 우리보다 더 컸다. 오래전 지구상에서 사라진 인류의 뇌가 우리보다 컸다는 게 대체 말이 되나 싶겠지만 사실이다. 네안데르탈인 여성이 1300cc, 남성은 1600cc 정도인 데 반해, 우리는 그보다 평균 100cc 정도가 더 작다. 겨우 100cc 정도라고? 하지만 결코 '겨우'가

---

* 화석 기록과 유전자 분석 결과에 따르면, 20만 년에서 10만 년 전 사이에 아프리카에서 해부학적 현대인이 진화했고, 약 10만~5만 년 전 무렵에 이들이 아프리카를 떠나 전 세계에 퍼진 것으로 보인다. 우리에게 익숙한 크로마뇽인(1868년 프랑스 크로마뇽에서 발굴된 화석)은 약 3만 년 전의 호모 사피엔스다.

아니다! 침팬지와 비슷한 350cc 정도의 뇌 용량을 가진 오스트랄로피테쿠스 속이 600cc 이상의 호모 속으로 진화하는 데에 무려 100만 년 남짓의 시간이 걸렸다. 그러니 100cc의 변화를 절대 가소롭게 볼 수는 없다.

한편 네안데르탈인의 키는 우리보다 작았다. 키는 작지만 다부진 근육을 가졌고 주로 포유동물을 사냥하여 먹고살았다. 처한 환경에 맞춰 그때그때 닥치는 대로 먹고살았던 호모 사피엔스에 비해 네안데르탈인은 극단적인 육식주의자라고 해도 무방할 정도로 육식에 의존해 살았다. 말하자면 그들은 뛰어난 사냥꾼이었다. 오늘날 우리가 삼겹살을 먹듯 오래전 그들은 순록고기를 주로 먹으며 살았다. 멧돼지와 말은 물론 심지어 들소와 매머드까지 잡아먹었다.

네안데르탈인은 고기를 얻기 위해서 사냥을 했고, 사냥을 위해 도구를 제작했다. 그래서 그들은 숙련된 도구제작자이기도 했다. 네안데르탈인이 남긴 무스테리안이라는 석기제작 문화Mousterian industry는 프랑스의 르무스티에Le Moustier 유적에서 그 이름이 유래하였는데, 석기로 만들 몸돌core을 잘 준비하여 거기서 떨어져 나간 돌 부스러기, 즉 격지flakes를 수차례 잔손질해 만들어졌다. 네안데르탈인은 이 정교한 석기 제작 기술을 오랫동안 유지하며 살았다. 하지만 호모 사피엔스가 만들어내는 석기에 비해 다양성 면에서는 많이 뒤처졌다.

네안데르탈인이 지구상에서 사라진 시기는 대부분의 학자들이 대략 3만 년 전후라고 동의한다. 하지만 이들이 언제 등장했는지에 대해서는 아직까지도 무엇이 정답이라고 말하기 어렵다. 어떤 이들은 약 15만~13만 년 전 무렵부터 네안데르탈인이 있었다고 하지만, 또 어떤 이들은 그보다 훨씬 더 이전부터 네안데르탈인이 살고 있었다고 주장한다.

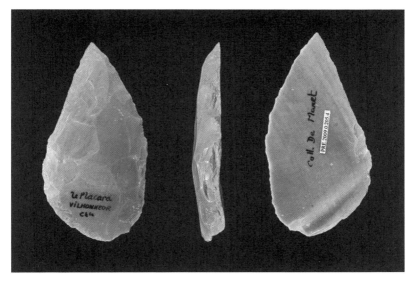

네안데르탈인이 사용했던 무스테리안 석기. 우리가 생각한 것보다 훨씬 더 복잡한 단계를 거쳐 만들어졌다.

언제부터 살았는지에 대해서 정답이 없는 이유는 어떤 화석의 어떤 형태적 특징을 네안데르탈인으로 보느냐에 따라, 또 어떤 유전적 특징을 기준으로 할 것인지에 따라 그들의 등장 시기도 달라질 수밖에 없기 때문이다. 즉 네안데르탈인이 15만 년 전보다 훨씬 더 오래전부터 있었다고 보는 입장은 네안데르탈인이 갖는 일부 뼈대 특징이 그 이전의 화석에서 이미 나타나기 때문에 연대를 더 올려야 한다고 주장한다. 한편 유전학자들이 추정하는 네안데르탈인과 현대인 계통의 분기 시점은 약 55만 년 전까지 거슬러 올라간다. 이는 이 무렵부터 현대인과 네안데르탈인이 서로 다른 조상을 갖는다는 것을 뜻한다. 하지만 분기 직후에는 아직 두 계통 사이에 어떤 유전적 차이도 축적되지 않았기 때문에 이 시점에 네안데르탈인이 등장했다고 보기에는 무리가 있다. 두 집단의 유전적 분기가 시작된 55만 년 전 이후로 형태적·유전적 차이가 서서히 축적되었을 테고 어느 시점부터 네안데르탈인이 갖는 뼈대 특징이 나타난 것은 분명하다.

이러한 맥락에서 이 책에서는 네안데르탈인의 특징이 부분적으로 나타나기 시작하는 시기보다는 보다 확실하게 '네안데르탈적'이라고 표현되는 특징을 공유하는 집단을 기준으로 그들의 등장시기를 13만 년 전후로 기술하였다.

여기에서 간단히 소개한 내용들은 뒤에서 더 자세히 살펴볼 것이다. 이제, 어떻게 해서 네안데르탈인에게 진화의 곁가지에 불과한 불완전한 옛 인류라는 낙인이 찍혔는지를 살펴보면서 본격적인 이야기를 시작하도록 하겠다.

🔬 호모 속에 속한 우리의 조상들

앞에서 호모 속에 속한 종들에 대해 언급한 바 있다. 옛 인류의 이름 중에 호모가 붙은 종들은 얼마나 될까? 먼저 우리가 학창시절에 익히 배웠던 호모 하빌리스와 호모 에렉투스가 가장 먼저 떠오를 것이다. 만약 호모 하빌리스, 호모 에렉투스, 호모 네안데르탈렌시스, 호모 사피엔스 이렇게 네 종류의 호모가 떠올랐다면 아주 훌륭하다. 그러나 실제로 호모 속에 속한 종들은 이보다 훨씬 많다.

하지만 신기하게도 지금은 우리 호모 사피엔스만 남고 나머지는 모두 멸종했다. 호모 루돌펜시스*Homo rudolfensis*, 호모 에르가스터*Homo ergaster*, 호모 하이델베르겐시스*Homo heidelbergensis*, 호모 플로레시엔시스*Homo flore-siensis* 등등 복잡하기 짝이 없는 그 이름들을 여기에 다 나열하고 싶지는 않다. 하지만 우리 이야기의 흐름을 이해하기 위해서는 호모 속에 속한 종들이 어떤 종들이고, 오늘날 우리가 이들을 어떻게 분류하고 있는지 정도는 간단히 알아둘 필요가 있다.

먼저 왜 호모 속인가? 라틴어에 근간을 두고 있는 '호모'라는 말은 그 자체가 사람을 의미한다. 그러니 호모 속에 속하는 종들은 진정 사람의 면모라 할 만한 특징들을 갖춘 종들이라 할 수 있다. 호모 속이 나타나기 이전에 있었던 종들은 뇌 크기가 침팬지 수준이었다. 침팬지의 조상들과 갈라진 이후 두발로 걷는 변화가 나타나고도 몇백만 년 동안 뇌 크기가 크게 달라지지 않았기 때문이다. 그러다가 뇌가 커지는 획기적인 변화가 나타났다. 뇌가 커지면서 얼굴은 작아지고 치아도 함께 작아졌다. 호모 속은 바로 이러한 일련의 변화를 그대로 담고 있다.

그리고 이 변화의 시작 지점에 있었던 종들을 오늘날 '이른 시기의 호모early Homo'라고 부른다. 우리가 잘 아는 호모 하빌리스가 바로 여기에 속한다. 이른 시기의 호모 속에 속하는 종들은 뇌 크기는 커졌지만 신체 비율은 이전에 존재했던 종들과 크게 다르지 않았다. 즉 뇌만 두 배 가까이 커지고 몸집은 여전히 작았다.

그러다가 100만 년 가까운 시간이 흐르는 동안 몸집도 커지는 변화가 나타났다. 뇌가 꾸준히 커지면서 몸집도 점차 커져 키가 오늘날의 우리와 비교해도 손색이 없을 정도로 커졌다. '곧선사람'으로 우리에게 잘 알려진 호모 에렉투스가 바로 이런 변화를 대표하는 종이다. 또 이들은 처음으로 아프리카를 떠나 다른 대륙으로 이동을 감행하기도 한다. 이른바 최초로 글로벌시대의 막을 연 주인공이라 하겠다.

호모 사피엔스의 등장은 이후로도 한참 후의 일이다. 하지만 오늘날 호모 사피엔스와 유사한 특징을 지닌 종들이 35만 년 전 무렵부터 지구 곳곳에서 나타나기 시작한다. 이러한 변화에 주목해 그 무렵 등장한 종들을 '이른 시기 옛(또는 '고형') 호모 사피엔스early archaic Homo sapiens'라고 부른다. 대표적으로 호모 하이델베르겐시스가 여기에 속한다. 한편 '후기 옛(고형)

호모 사피엔스late archaic *Homo sapiens*'를 대표하는 종은 호모 네안데르탈렌시스다. 이들은 3만 년 전 무렵 모두 멸종한다.

진정한 호모 사피엔스는 20만 년에서 10만 년 전 사이에 아프리카에서 등장했다. 뇌 용량이 오늘날 우리와 거의 비슷하고 신체적 조건도 모두 비슷하기 때문에 이들을 일컬어 해부학적 현대인anatomically modern humans 혹은 현대인modern humans이라고 한다. 따라서 이 책에서 말하는 현대인은 우리가 살아가는 시대의 현대인을 의미하는 것이 아니다. 우리처럼 현대적인 특징을 가졌던 초창기 호모 사피엔스를 말한다.

뼛조각으로 맞추는 퍼즐

오래된 유적에서 출토된 사람의 뼈가 머리부터 발끝까지 온전하게 남는 경우는 흔치 않다. 조선시대 무덤에서 나오는 뼈들도 대개 약한 부분은 완전히 썩어 없어지고 비교적 단단한 부위들만 남아 있는 경우가 부지기수다. 그러니 몇만 년 전의 뼈는 어떻겠는가. 머리뼈 조각만 조금 나오거나 팔다리뼈 조금, 그것도 아니면 치아만 달랑 나오는 경우도 허다하다. 그 유명한 데니소바인Denisovan도 어금니 한 점과 손가락뼈 한 마디의 일부가 전부이다.

이렇게 일부만 조각난 상태로 남아 있는 뼈들은 남아 있는 부위가 어느 부위인지를 식별하여 최대한 원래의 상태대로 복원해야만 한다. 이건 마치 뼈로 퍼즐 맞추기를 하는 것과 같다. 조각난 상태의 뼈가 어떤 뼈의 어느 부위에 해당하는지, 오른쪽인지 왼쪽인지 구분하고, 어떤 부분이 남아 있고 어떤 부분이 사라졌는지를 파악한다. 그런 다음에 서로 연결되는 뼛

인류학자들은 오랫동안 매장되어 있어 조각난 상태의 뼈들을 가지고
전체의 모습을 복원해낸다.

조각들을 붙여 전체 뼈대의 형태가 완성되도록 뼈대를 맞추어나간다. 조
각이 몇 점 되지 않으면 퍼즐도 금방 완성되지만, 그렇지 않은 경우엔 짧
게는 며칠, 길게는 몇 년이 걸리기도 한다.

　예를 들어, 교통사고를 당해 여러 부위에 골절을 입고 사망한 사람의
뼈는 조각을 세는 것조차 어려울 정도로 파편들이 많다. 이 경우 수많은
조각들을 펼쳐놓고 이 조각을 들어 봤다가, 다시 다른 조각을 들어 봤다가
하는 과정이 수일 계속된다. 대체 이렇게 지루한 과정이 무슨 의미가 있
냐고? 많은 시간을 들여 뼛조각들을 붙여본 사람은 알지만 조각난 뼈들을
모조리 붙이고 나면 사고 당시 뼈가 어떤 패턴으로 깨졌는지를 알 수 있
다. 따라서 이런 자료들이 축적되면 뼛조각 하나만 가지고도 사고에 의해

깨진 것인지, 퇴적과정에서 자연스럽게 부서진 것인지를 알 수 있게 된다.

　기본적으로 사람 뼈를 연구하는 인류학자들은 모두 뼛조각 맞추기에 도가 텄다. 가끔 너무 애매한 모양으로 깨진 뼈는 맞추는 데 시간이 걸리기도 하지만, 아무리 작은 조각도 전체 퍼즐의 어느 부위에 해당하는지를 알아내고야 만다. 또 뼛조각을 너무 오래 들여다보고 있어서 가끔은 길바닥에 나뒹구는 나뭇가지도 팔뼈나 다리뼈 조각으로 보일 때가 있다. '설마 그럴 리가?'라고 생각할 수 있지만 오래되어 조각난 뼈는 마른 나뭇가지와 무척 비슷하다. 그러니 뼈처럼 보이면 그냥 지나치지 못하고 반드시 가서 확인을 해야만 한다.

　이렇게 인류학자들이 뼛조각을 맞출 때 반드시 유의해야 할 점들이 몇 가지 있다. 첫째는 부위에 대한 확신이 들 때까지 섣불리 결론을 내리면 안 된다는 것이고, 둘째는 형태에 대해서 어떤 선입견도 갖지 않아야 한다는 점이다. 만에 하나 위의 두 사항이 지켜지지 않는다면 본래의 모습이 왜곡될 수도 있다. 특히 완성된 퍼즐의 모습을 알지 못하는 아주 오래된 옛 인류의 뼈라면, 더욱더 신중해야만 한다.

　1908년 8월, 프랑스 남부 라샤펠오생La Chapelle aux Saints 근처의 작은 동굴에서 상태가 매우 좋은 네안데르탈인의 뼈 한 개체가 출토되었다. 머리뼈와 아래턱이 잘 남아 있고, 팔다리뼈도 대부분 잘 남아 있었으며, 등뼈와 갈비뼈도 제법 많이 남아 있었다. 동일한 매장 조건에서는 대개 가늘고 약한 뼈가 더 쉽게 부식되어 없어지기 때문에 오래된 뼈대에는 손이나 발뼈, 갈비뼈가 없는 경우가 많다. 그런데 라샤펠오생의 개체는 손과 발뼈까지 남아 있었으니 상태가 무척 좋다고 할 만했다. 다만 치아는 많이 빠진 채로 주변에 흩어져 있었다.

라샤펠오생에서 발견된 네안데르탈인의 뼈.

이렇게 뼈가 출토되면 무엇부터 어떻게 작업을 시작해야 할까? 위에서 말한 복원 작업을 하기 전에 우선 뼈가 어떻게 놓여 있는지, 왜 이런 배치로 이 장소에 놓여 있는 건지, 뼈 주인공의 죽음과 관련된 주변의 상황들은 어떤 의미를 갖는지에 대해 현장에서 얻을 수 있는 모든 정보들을 기록해야 한다. 이 과정은 범죄 수사 현장에서 이루어지는 조사와 크게 다르지 않다. 범죄 현장에 사건 해결의 단서들이 많이 남아 있는 것처럼 옛 인류의 화석을 발굴하는 현장에도 뼈 주인공의 죽음과 관련된 정보들이 고스란히 남아 있다. 따라서 이 면밀한 조사가 끝난 후라야 조심스럽게 뼈를 옮길 수 있다.

라샤펠오생의 뼈는 머리를 서쪽으로 향한 채 놓여 있었고, 석기 조각들이 주변에서 많이 발견되었다. 동굴 안에는 오랫동안 불을 피운 자리가 있었고 순록, 들소, 말 등의 동물 뼈도 상당수 발견되었다. 이렇게 주변에서 발견된 석기나 동물 뼈들이 뼈 주인공과 관련된 것인지를 밝히는 과정은 쉽지 않다. 이 과정은 마치 변사체 옆에서 발견된 작은 흉기가 살인에 사용된 도구인지 아닌지, 도구의 사용이 피해자가 사망한 결정적 원인이 되었는지 아닌지를 밝혀내는 과정과 비슷하다. 또 이 문제는 때때로 영원히 미궁 속에 파묻혀 해결되지 않을 수도 있다.

라샤펠오생의 뼈는 당시까지 출토된 네안데르탈인 뼈 중에서 가장 완벽한 상태였다. 하지만 상태가 너무 좋아 퍼즐 맞추기가 그다지 필요하지 않았다는 점이 오히려 이 뼈의 주인공은 물론 네안데르탈인 전체의 운명을 더 삐딱하게 만들었는지도 모르겠다. 현장에서 수습된 이후, 이 뼈들은 파리 자연사박물관의 고생물학자 피에르 마르스린 불Pierre Marceline Boule에게 보내졌다. 이토록 완벽한 네안데르탈인 화석이 어째서 단 한 명의 연구자에게만 연결되었는지는 이해할 수 없지만, 어쨌든 당시 라샤펠오생 화석의 퍼즐은 마르스린 불 단 한 사람의 손에 맡겨졌다.

라샤펠오생의 노인

당시 프랑스 고생물학계를 대표하는 학자로서 파리 자연사박물관의 핵심 인물이었던 불은 네안데르탈인을 단독으로 분석하고 복원할 수 있는 기회를 갖게 되었다. 그는 화석의 주인공이 남자이고, 대략 50세에서 55세 사이에 사망한 것으로 추정하였다. 치아가 많이 빠져서 치조골alveolar bone이 상당 부분 흡수되었고 관절염을 앓은 흔적이 확인되었기 때문에, 불은 뼈의 주인공이 나이가 상당히 많은 노인이라고 보았다.

생전에 치아가 빠지면 치아가 들어 있던 구멍이 서서히 좁아져 나중에는 완전히 막혀버린다. 이처럼 원래의 기능을 하지 못하는 부위의 뼈는 스스로 조직에 흡수된다. 따라서 치아와 치조골의 상태만으로도 나이를 대략 추정할 수 있다. 하지만 불이 추정한 나이는 훗날 더 젊은 나이로 수정되었다.

여기에서 잠깐! 뼈를 분석하면서 주인공이 노인이라는 사실에는 모든 연구자가 동의할 수 있다. 하지만 나이가 얼마나 많은 노인인지를 알아내는 것은 또 다른 문제이고, 이 문제를 푸는 과정은 결코 단순하지 않다. 즉 네안데르탈인 집단에서 나이가 많다는 것이 오늘날 우리 사회에서 나이가 많다는 것과 그 의미가 같을 수는 없다. 모든 사회의 노인이 똑같은 나이대로 정의될 수는 없다는 말이다.

잘 먹고 잘 살게 되면서 아름다울 것까지야 없지만 그래도 주변을 둘러보면 추하지 않게 서서히 노년을 맞고 있는 사람들이 많아진 세상이다. 하지만 우리보다 경제적 사정이 좋지 못하거나 사는 환경이 다른 나라를 여행하다 보면 우리가 노인이라 여기는 나이보다 훨씬 적은데 겉모습이 그렇지 않은 사람들도 더러 만나게 된다. 우리나라에서도 불과 50년 전까지는 환갑을 맞으면 오래 살았다고 잔치까지 벌였지만, 요즘은 환갑이 노인 축에도 들지 못하게 되었다. 그러니 수십만 년 전 인류의 나이가 오늘날 우리가 한 해 한 해 먹어온 나이와 같은 의미를 갖지 않는 건 너무나도 당연하다.

따라서 네안데르탈인 집단에서 나이가 많은 것이 대체 어느 정도로 나이가 많은 건지를 먼저 알아야만 한다. 하지만 네안데르탈인 사회를 살아본 것도 아닌데 그들 기준으로 40세 정도가 노인인지, 50세는 되어야 노인 축에 해당하는지를 연구자 입장에서 판단하는 게 어디 쉽겠나. 다행히 앞서 얘기한 것처럼 네안데르탈인의 뼈는 발굴이 많이 되었기 때문에 이들의 수명에 대해서도 연구가 많이 이루어졌다. 그래서 현재는 네안데르탈인 집단에서 노인이라고 하면 대략 30세를 넘긴 나이부터였을 거라고 추정한다.

사실상 뼈의 상태로 사람의 나이를 정확히 추정하기는 쉽지 않다. 드라마나 영화에서는 주인공이 뼈 한 조각을 척! 보고 나면 바로 나이가 몇 살쯤 되었다고 하지만, 이건 현실과는 동떨어진 모습이다. 왜냐하면 어떤 습관을 갖고 어떤 일을 하며 살았는지, 또 어떤 음식을 주로 먹었는지에 따라서 각 부위의 뼈에 반영된 노화 정도가 실제 나이와 상당히 달라질 수 있기 때문이다. 또 여러 부위의 뼈 상태를 종합적으로 보고 분석할 수 있으면 가장 좋지만, 설상가상으로 치아 몇 점이나 머리뼈 몇 점만 가지고 나이를 추정해야 한다면 이건 결코 쉬운 일이 아니다.

예를 들어 평소 어떤 음식을 어떻게 조리하여 먹는지, 치아 관리는 어떻게 하는지에 따라 치아와 치조골의 노화 정도 역시 매우 다를 수 있다. 몇 년 전 한 시사 프로그램에서 특정 사건에 연루된 노숙자의 나이를 밝혀달라며 그 사람의 치아 사진을 치과대학의 교수에게 보낸 적이 있다. 당시 감정을 의뢰받은 치의학자는 마모 정도와 치주질환, 치조골의 흡수 정도만 가지고는 정확한 나이를 알 수 없다고 통보하였다. 또 멀리 올라갈 것도 없이, 삼국시대 유적에서 나온 사람 뼈만 보더라도 오늘날 우리의 치아와는 비교가 안 될 정도로 마모가 심한 반면 충치는 훨씬 적다.

다시 라샤펠오생의 뼈 이야기로 돌아가, 붉은 화석의 등뼈와 다리뼈, 발뼈를 분석하여 라샤펠오생 노인이 생전에 어떤 자세로 서고 걸었는지를 묘사해냈다. 그의 묘사에 따르면 노인은 옆에서 봤을 때 머리가 목 앞으로 많이 튀어나왔고, 목과 등을 곧게 펴지 못하여 구부정한 모습을 하고 있다. 우리의 경우는 머리가 목보다 앞쪽으로 튀어나와 있지 않다. 물론 요즘엔 컴퓨터나 스마트폰을 오래 들여다봐서 목등뼈가 일자로 쭉 뻗어 거북목이 된 사람들이 꽤 있긴 하지만 말이다. 하지만 이런 경우는 살면서 뼈 모양이 변형된 경우이고 원래부터 침팬지나 오랑우탄처럼 머리가 목보다 앞으로 쏠려 있지는 않다.

어떤 구조 때문에 우리의 머리 위치는 침팬지나 오랑우탄과 다른 모습인 걸까? 우리의 머리뼈 밑면 한가운데에는 뇌와 연결된 신경다발이 통과하는 큰 구멍이 있고, 그 구멍을 중심으로 목등뼈 일곱 개가 적당하게 휘어진 S자 모양으로 늘어서 있다. 이 때문에 머리의 하중이 아래쪽으로만 쏠리지 않고 적절하게 분산된다. 이처럼 무거운 머리를 목등뼈가 안정감 있게 받치고 있어서 우리는 앞으로도 뒤로도 기울어지지 않은 머리를 잘 받치고 서 있을 수 있는 것이다. 하지만 라샤펠오생의 노인은 이런 모습과는 달리 유인원들처럼 머리가 앞쪽으로 쏠려 있는 모습으로 그려졌다.

또 불은 노인이 우리와 같은 완전한 직립의 두발걷기를 할 수 있었는지에 대해서도 의심했다. 직립보행은 무엇이 인간을 인간답게 하는가 하는 논의에서 가장 먼저 등장하는 인간다운 변화이다. 너무나 당연한 특징인지라 이런 당연한 걸 가지고 인간다움을 운운한다는 게 우습게 느껴질 정도다. 하지만 직립보행은 인류 진화사에서 제일 처음으로 나타나는 해부학적 변화로, 인간다움의 진수라고 표현할 만하다.

한때 인류의 조상들은 잠깐씩 두발로 걷기도 하고 네발로 이동하기도 했지만, 지금 우리는 어쩔 수 없이 두발로만 걸어야 하는 숙명을 타고 태어난다. 갓난아이가 네발로 기다가 돌 무렵부터 걸음마를 시작하면서 두발로 걷게 되는데, 그러다 성인이 되어 다시 네발로 걷는 사람을 본 적이 있던가. 물론 맘만 먹으면 네발로 걸을 수도 있지만 이내 얼마 못 가서 너무 힘들어 몸을 일으키고 말 것이다. 그러니 우린 걷는 방법을 선택할 수 없으며, 어쩔 수 없이 두발로 걸어야만 하는 해부학적 구조를 가진 셈이다. 어쩔 수 없이 두발걷기를 한다는 의미에서 우리의 걷기를 '강제적인 두발걷기compulsory bipedalism'라고 한다.

두발걷기를 하려면 먼저 목과 가슴, 허리로 이어지는 스물네 개의 등뼈를 엉치뼈와 좌우 엉덩이뼈가 균형 있게 받쳐서 곧게 설 수 있어야 한다. 또 허벅지뼈와 정강이뼈가 무릎뼈를 중심으로 안쪽으로 살짝 기울어져 무릎관절을 적절하게 조이고 풀 수 있어야만 인간다움의 시작, 즉 두발걷기가 완성될 수 있다. 그러나 불이 복원한 라샤펠오생의 노인은 이렇게 안정적인 두발걷기를 할 수 없었다.

정리하자면, 노인의 얼굴은 앞으로 기울어져 있고 등은 구부정하며 두발로 제대로 걷지도 못하는 모습으로 복원되었다. 가장 완벽한 상태로 발견되었지만 불행하게도 복원이 이루어진 후의 모습은 인간과는 거리가 멀었다. 설상가상으로 이렇게 복원된 이미지는 이후 네안데르탈인을 대표하는 아이콘이 되었다.

불은 네안데르탈인을 어두컴컴한 동굴 속에서 살아가는 야수와 같은 모습으로 표현했다. 불이 만들어낸 네안데르탈인 복원도를 보고 있노라면 온몸에 털이 무성하게 난 구부정한 야수가 동굴 속에서 걸어 나오는 듯한 모습이 눈앞에 그려진다. 이 비호감의 이미지는 무려 반세기 동안이나 네안데르탈인을 대표하는 이미지가 되었고, 이들은 곧 어리석음과 미개함,

마르스린 불의 작업을 토대로 프란티섹 쿠프카Frantisek Kupka가 일러스트한 네안데르탈인.

불완전함의 대명사가 되었다. 하지만 다행인지 불행인지 불은 죽을 때까지 자기가 네안데르탈인의 이미지를 어떻게 왜곡했는지 알지 못하였다.

만들어진 이미지

요즘 우리는 참 재미있는 세상에 살고 있다. 똑똑하기 그지없는 스마트폰의 활약으로 애플리케이션, 일명 '앱' 하나면 몸으로 직접 경험하기 어려운 것들을 간접적으로 체험해볼 수 있으니 말이다. 예를 들면 아직 태어나지도 않은 2세의 모습을 볼 수 있다든가, 유행하는 화장을 했을 때의 모습이나 어느 부위를 성형한 모습, 좀비가 된 모습 등 상상하기 어려운 일들을 신통방통하게도 화면으로 볼 수 있다. 심지어 스미스소니언 국립자연사박물관에서도 이런 종류의 기발한 앱을 상상했다. 이 앱을 이용하면 네안데르탈인이 된 자신의 모습을 볼 수 있다고 대대적으로 광고했다. 조금만 기다리면 이 세상에서 누가 제일 네안데르탈인이랑 닮았는지도 알 수 있는 세상이 올지 모르겠다.

불이 만들어낸 네안데르탈인은 스미스소니언 국립자연사박물관에서 만들어낸 네안데르탈인의 이미지와 얼마나 가까울까, 또는 얼마나 다를까? 이 두 이미지 모두 인간이 상상해낸 이미지라는 점에서는 같지만, 전자는 개인의 편견이 뼛조각 맞추기 과정에 개입되어 어떤 결과를 가져왔는지를 잘 보여준다. 이러한 편견은 지금도 여전히 분석 과정에 유효하게 개입되고 있으며, 그 결과로 여전히 정당한 자리를 찾지 못한 화석 종들이 얼마나 많은지는 아무도 모를 일이다.

가장 최근에 밝혀진 오류는 대를 이어 고인류 연구를 해온 일가로 유명한 리키 집안에서 1972년 발굴한 일명 '1470번 머리뼈'의 복원에 대한 것이다. 이 머리뼈는 동아프리카 케냐 북부에 위치한 투르카나 호수 근처에서 리처드 리키Richard Leakey와 그의 아내 미브 리키Meave Leakey가 이끄는 팀이 발굴하였다. 화석은 발견 당시 리키 일가에게 세계적 명성을 가져다주었다.

그러나 이와 관련된 논쟁들도 가히 역대급이었다. 1973년 리처드가 『네이처Nature』에 발표한 대로 이 화석의 연대가 290만 년 전이 맞는지? 기존에 '손쓴사람'으로 알려진 호모 하빌리스와 같은 종인지, 다른 종인지?와 같은 굵직굵직한 논쟁들로 유명세를 치른 화석이 바로 1470번 머리뼈다. 현재 화석의 연대는 190만 년 전 무렵으로 수정되었고, 분류에 대한 논쟁도 호모 하빌리스와 같은 종으로 보기보다는 다른 종으로 보는 관점이 다수를 차지하면서 일단락되었다.

1470번 머리뼈, 눈 아래 볼 주변의 뼈들은 대부분 발견되지 않았다.

그런데 2007년에 다시 이 머리뼈가 사람들의 관심을 받게 되었다. 호모 하빌리스와 함께 이른 시기의 호모 속을 대표하는 종인 이 화석의 얼굴이 당시의 지배적 견해에 맞춰 왜곡되었다는 기사가 보도된 것이다. 이 머리뼈가 복원된 모습을 보면 한눈에 보아도 맞춰진 뼛조각들이 수십 개는 넘어 보인다. 더군다나 얼굴의 앞부분에 해당하는 뼈들은 발굴 당시에 많이 찾지 못해서 위턱 부분이 아슬아슬하게 눈두덩 주변 부위들과 연결되어 있다. 당시 150개가 넘는 머리뼈 조각들이 맞춰진 결과, 이 화석은 750cc 정도의 비교적 큰 두개용량을 갖는 것으로 파악되었다.

이에 대해 뉴욕대학교의 티모시 브로매지Timothy Bromage는 얼굴의 형태와 두개용량이 잘못 복원되었다고 주장한다. 브로매지가 포유류의 얼굴과 머리뼈 구조가 갖는 일반적인 기준을 적용하여 화석의 얼굴을 레이저

스캐너로 복원한 결과, 리키 부부를 주축으로 복원된 1470번 머리뼈는 실제보다 두개용량이 50cc 정도 더 크게 복원되었고, 얼굴 역시 더 수직으로 보이도록 미간에서부터 윗입술까지의 부분이 덜 튀어 나오게 복원된 것으로 나타났다.

두개용량을 더 크게 복원한 건 우리의 머리가 어느 정도까지는 커지는 쪽으로 진화를 했으니 이해가 가지만, 얼굴의 가운데 부분을 덜 돌출되어 보이게 복원한 건 왜일까? 사실 우리만큼 평평한 얼굴을 가진 인류는 일찍이 지구상에 없었다. 우리 이전에 존재했던 인류는 저마다 정도의 차이는 있지만 대체로 이마가 드라마틱할 정도로 뒤로 넘어가 있고, 눈 위쪽은 거대한 선글라스를 낀 것처럼 불룩하게 솟았으며, 위턱 역시 앞으로 많이 돌출된 모습이다. 반면, 우리는 옛 인류에 비해 앙증맞게 솟은 광대뼈를 제외하면 얼굴에 큰 굴곡이 없다. 따라서 크게 굴곡 없는 얼굴은 우리 현생인류의 특징이다.

이에 반해 침팬지를 보면 위턱이 앞으로 불룩하게 튀어나와 있다. 이 특징은 초기 인류의 조상에게서도 보이는 특징이지만 진화과정에서 그 정도가 점점 약해져 현생인류로 오면 찾아보기 어려울 정도가 된다. 1970년대 초반 당시에 큰 뇌는 수직으로 바로 선 작은 얼굴과 어울린다는 생각이 지배적이었다. 따라서 1470번 머리뼈도 이러한 견해에 알맞게 화석의 얼굴이 복원되었다고 브로매지는 주장한다.

포유류의 얼굴과 머리뼈의 특성은 해당 부위에 위치하는 해부학적 구조들의 구성과 밀접하게 관련되어 있다. 쉽게 예를 들어 광대뼈의 위치를 한번 생각해보자. 광대뼈는 눈 밑에 있고 코와 귀 사이에 있다. 즉 광대뼈는 코와 귀 사이 중간쯤 아무데나 있는 게 아니라 코와 일정한 범위의 거

침팬지의 위턱은 앞으로 많이 튀어나와 있다.

리를 두고, 귀와도 일정한 범위의 간격을 유지하고 있다. 만약 이 간격이 최소 범위보다 더 작거나 혹은 최대치보다 더 크면 왜 안 되는지는 전적으로 광대뼈가 얼굴에 있는 다른 구조, 즉 눈과 코, 귀, 아래턱들과 어떤 관계를 맺고 있는지에 달려 있다.

이러한 연구는 치의학 분야에서 얼굴 구조의 성장과정을 연구한 도널드 엔로Donald H. Enlow로부터 시작되었는데, 지난 십수 년 동안 이와 관련하여 상당한 연구가 이루어져왔다. 하지만 1470번 머리뼈가 발굴되어 복원될 당시에는 이러한 기준이 없었다. 이와 관련된 브로매지의 논문은 2008년 『임상소아치과학 저널The Journal of Clinical Pediatric Dentistry』에 발표되었다. 결국 1470번 머리뼈가 왜곡되었다는 사실이 밝혀지는 데에 무려 35년이 걸린 셈이다.

크로아티아 자연사박물관에 전시된 크라피나 유적의 네안데르탈인 복원 모습.

　다시 네안데르탈인의 이야기로 돌아가 보자. 불이 네안데르탈인을 복원한 지 40년이 훌쩍 지나서 라샤펠오생 화석에 대한 분석이 다시 이루어졌다. 불은 라샤펠오생의 주인공이 등을 구부정하게 구부리고 제대로 걷지 못했다고 주장했다. 그러나 재복원 결과, 등이 구부정했던 것은 맞지만 원래부터 그랬던 것은 아닌 것으로 결론이 났다. 왜냐하면 남아 있는 목등뼈 다섯 개 중에서 세 개, 열한 개의 가슴등뼈 중에서 세 개, 네 개의 허리등뼈 모두에서 수년 동안 지속됐던 관절염의 흔적이 뚜렷하게 확인되었기 때문이다.

　라샤펠오생의 노인은 지금도 흔하디흔한 병인 퇴행성 관절염을 앓고 있었고, 이 관절염이 수년 동안 지속되면서 등을 곧게 펴지 못했던 것이다. 당시에 불 역시 라샤펠오생의 노인이 관절염을 앓고 있었다고는 생각했지만 이 때문에 자세가 달라졌을 거라는 생각은 하지 않았다. 그는 등뼈가 우리처럼 적절한 곡선을 유지하며 연결되지 않고 직선으로 연결되었다고 보았으며, 이것이 구부정한 자세와 걸음걸이에 영향을 미쳤을 거라고 판단했다.

나아가 그는 네안데르탈인을 사람과 원숭이 사이를 연결하는 중간형의 존재라고 보았다. 그러니까 불은 네안데르탈인이 유인원들처럼 머리가 앞으로 기울어져 있고 두 발로 걷지 못하였다고 생각했다. 두 발로 바르게 걷지 못하는 대신에 원숭이처럼 발로 물건을 자유자재로 쥘 수 있어서 결코 사람의 조상이 될 수는 없다고 했다. 이로 인해 결국 네안데르탈인은 사람 계보에 이름을 올리기는커녕 우리와 전혀 관련 없는 별개의 종으로 인식되었다.

아프리카에서 1470번 머리뼈가 발굴되었을 때 뇌 용량에 알맞게 얼굴도 작았으면 하는 리키의 바람이 1470번 머리뼈를 왜곡했던 것처럼, 불 역시 네안데르탈인에 대한 편견에 사로잡혀 실제와 동떨어진 생명체를 복원해냈다. 따라서 이 이야기는 네안데르탈인의 흑역사이기도 하지만 마르스린 불의 흑역사이기도 하다. 불에게 라샤펠오생의 노인은 그저 동굴 속의 구부정한 야수에 불과했다. 더욱 이해할 수 없는 일은 불의 오류가 확인된 이후에도 잘못 복원된 네안데르탈인이 이름만 대면 알 만한 유명 박물관에서 계속 전시되었다는 사실이다. 이러한 전시물이 수정되는 데에 또다시 20년이 걸렸으니 놀라운 일이 아닐 수 없다.

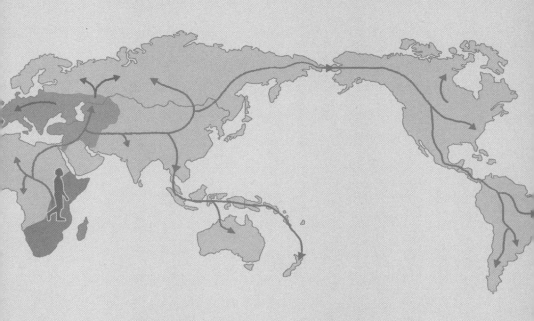

제2장

'사라진 종'의 발견

화석이 된 뼈의 정체

어느 작은 마을에서 공사 중에 신원 미상의 백골이 발견되었다. 사망한 지 너무 오래되어 뼈는 이미 화석으로 변했고, 일부 뼈대만 조각난 상태로 남아 있었다. 누군가가 시신을 토막 내서 묻어두기라도 한 걸까? 여기까지 는 마치 공포영화의 첫 장면과 비슷하다. 이 사건의 시작은 무려 1856년으 로 거슬러 올라간다. 사건은 그해 8월, 독일 북쪽의 뒤셀도르프에서 30킬 로미터쯤 떨어진 작은 마을의 네안더 계곡에 위치한 클라인 펠트호퍼 그 로테Kleine Feldhofer Grotte 동굴에서 일어났다.

뼈가 발견된 곳은 입구의 너비가 1미터가 채 안 되고 전체 길이 5미터, 높이도 3미터가 되지 않는 작은 석회암 동굴이었다. 석회암 동굴은 뼈가 오랫동안 보존되는 데 최적의 장소이다. 왜냐하면 석회암의 주성분인 탄 산칼슘이 토양의 산성도를 낮춰서 뼈가 썩어 없어지지 않고 오랫동안 잘 보존되도록 하기 때문이다. 뼈가 발견된 클라인 펠트호퍼 그로테 동굴 일

네안더 계곡 클라인 펠트호퍼 그로테 동굴.

대에는 크고 작은 동굴과 바위그늘들이 즐비하였고, 이곳에서는 1850년
대 이전부터 뒤셀도르프 지역의 공사에 필요한 석회암이 계속 채굴되고
있었다.

문제의 뼈들이 발견된 그날 역시 석회암을 채취하는 작업이 진행되고 있
었다. 공사장에서 일하는 인부 두 명이 처음에 뼈들을 발견했고, 그들은 그
뼈들이 동굴곰의 뼈라고 생각해 아무렇게나 던져버렸다. 동굴곰의 뼈라서 버
렸다는 대목이 마음에 들지 않지만 동굴곰은 플라이스토세(약 180만~1만 년
전) 유라시아에 많이 살았고, 19세기 후반부터 유럽 각지에서 뼈가 종종
발견되었기 때문에 그럴 수도 있을 거라 생각한다.

하지만 무슨 이유에서인지 인부가 버렸다는 뼈에 대해 들은 채석장 주
인은 그 뼈를 다시 주워오도록 했다. 그러고는 뼈를 엘버펠트Elberfeld(지금

의 부퍼탈Wuppertal)에 있는 학교의 과학 교사였던 요한 카를 플로트Johann Carl Fuhlrott에게 전해주도록 했다. 어딘가에서 뼈를 발견한다면 밑져야 본전이라는 마음으로 일단은 주의 깊게 관찰하고 볼 일이다. 플로트는 평소 지질학과 고생물학에 조예가 깊은 아마추어 박물학자였다. 뼈를 본 플로트는 바로 채석장으로 달려가 더 많은 뼛조각들을 찾아냈고, 이것들이 놀라울 정도로 오래되어 이미 화석이 된 뼈들임을 단번에 알아차렸다. 또 곰뼈가 아닌, 아주 오래전에 살았던 사람의 뼈대라고 직감했다.

찾아낸 뼈들 중에는 머리뼈 일부와 허벅지뼈를 포함한 팔다리뼈도 있었는데, 플로트의 눈에는 이들의 형태가 동굴곰의 뼈와는 확연하게 다르게 보였다. 사실 곰의 머리뼈를 한 번이라도 본 사람이라면 곰의 머리뼈와 사람의 머리뼈를 헷갈리기는 어렵다. 또 그 머리뼈는 눈썹이 붙는 눈두덩 부위가 마치 갈매기 모양처럼 앞으로 솟아 있었고, 뒷머리뼈도 불룩하게 튀어나온 모습이었다. 이러한 특징이 오늘날 사람이 갖는 특징이라고 보이지는 않았기 때문에 플로트는 뼈의 주인공이 오래전의 옛 사람일 거라고 생각한 듯하다.

플로트의 직관력은 정확했다. 말하자면 그는 당시에 아무도 눈치 채지 못했던 뼛조각들의 정체를 처음으로 꿰뚫어본 셈이다. 이 뼈들이 훗날 네안데르탈인으로 전 세계에 알려진 바로 그 유명한 화석이다. 인류 진화에 대한 최초의 과학적 증거인 네안데르탈인에 대한 연구는 1856년 네안더 계곡에서 네안데르탈인의 뼈가 화석으로 발견된 그 역사적인 날로부터 정확히 시작된다.

그러나 사실 최초의 네안데르탈인 화석은 1856년 이전에 벨기에의 엥기스(1829년)와 스페인의 지브롤터(1848년)에서 이미 발견되었다. 하지만 이들이 발견된 당시에는 이 화석의 주인공이 누구인지에 대해서 관심이 없었다. 1829년 엥기스 화석은 네덜란드인 의사가 발견한 두세 살 무렵의 어린아이 머리뼈이고 지브롤터 화석은 영국인 해군 장교가 발견한 성인 여자의 머리뼈인데, 지브롤터 화석은 엥기스 화석보다 남아 있는 상태가 훨씬 좋은데도 불구하고 수년 동안 벽장 속에 묻혀 있었다. 처지가 이러한 두 화석들에 비하면, 네안더 계곡에서 발견된 뼈들은 운이 엄청나게 좋은 셈이다. 네안더 화석에 대해서는 주인공이 누구이며, 대체 어디에서 왔는지에 대해 관심이 폭주하다시피 했기 때문이다.

하지만 당시는 신이 자연의 만물을 완벽하게 설계하여 창조하였다고 굳게 믿는 때였다. 이 세상의 모든 생명체는 저마다가 차지하는 고유한 자리가 있으며 이 자리들은 절대 변하지 않는다고 사람들 대부분은 믿었다. 또 자연계에서 사람이 가장 완벽한 존재라고 생각했기 때문에 완벽한 존재인 사람의 특성이 시간이나 환경이 변한다고 해서 따라 변할 거라고는 추호도 의심하지 않았다.

결국 네안더에서 찾은 화석의 주인공이 다른 동물이라면 몰라도 옛사람의 뼈라는 건 일반인들에게 납득될 수 없는 일이었다. 심지어 플로트조차 사람의 뼈가 이토록 이상하게 생길 수 있다는 사실에 무척이나 골머리를 앓았다. 그 역시도 왜 그 뼈들이 인간 비스무레한 형태이면서 동시에 인간과 다른 요상한 특징을 지니고 있는지를 명쾌하게 설명할 수 없었다.

그때 마침 인근에 있는 본대학교의 해부학 교수인 헤르만 샤프하우젠 Hermann Schaaffhausen이 네안더 계곡에서 발견된 뼈 이야기가 실린 지역 신문을 읽고 플로트에게 연락을 해왔다. 이에 플로트는 자신의 생각을 학문적으로 검증받기 위해서 뼈들을 본대학교로 가져갔다. 당시 마흔 살이었

샤프하우젠이 그린 네안데르탈인의 얼굴.

던 샤프하우젠에게 그 일은 일생일대의 대사건이었을 것이다. 해부학을 전공했던 그가 인류학 연구에 본격적으로 뛰어든 계기가 되었고, 사실상 이 일로 그는 해부학 분야의 연구보다 네안더 계곡에서 발견된 화석에 대한 연구로 더욱 유명해졌으니까.

요즘에도 샤프하우젠처럼 해부학을 하면서 인류학을 하는 사람들이 꽤 있다. 겉으로 보이는 두 학문의 이미지가 사뭇 달라 의아할 수 있지만 실상 사람을 다룬다는 점에서 그 본질은 같으며, 다만 접근하는 방법이 다를 뿐이다. 또 옛사람의 시료를 분석하다보면 해부학과 인류학 지식이 함께 필요한 순간이 많기 때문에 두 학문에 양다리를 걸치는 게 결코 나쁘지 않다.

당시 해부학자로서의 길을 걷고 있던 샤프하우젠이었지만 본대학교 시절에 동물학과 인류학을 함께 공부했기에, 플로트가 뼈들을 가져왔을 때

그는 오래된 시대의 화석임을 단번에 알아볼 수 있었다. 사실 사람 뼈를 많이 들여다본 사람은 척 보기만 해도 이게 사람인지 동물인지 정도는 쉽게 알 수 있고, 또 요즘 사람의 뼈인지 아닌지도 알 수 있다.

이렇게 하여, 샤프하우젠이 최초로 네안데르탈인 화석에 대한 해부학적 분석을 맡게 되었다. 플로트와 그는 화석이 발견된 이듬해인 1857년, 말도 많고 탈도 많을 논쟁의 시작점에서 드디어 화석에 대한 공식 입장을 발표하기에 이른다. 이때는 고인류학이라는 학문이 제대로 자리를 잡기도 전이다. 그럼에도 이 두 사람은 네안더 계곡의 뼈가 우리와는 다른 옛사람의 흔적이라는 사실을 알아차렸고, 이제는 그 둘이 알아낸 의미를 대중 앞에서 말하고자 하였다.

우리와 다른 종류의 사람을 말하다

어느 분야의 연구든 간에 공식 학회에서 그동안 자신이 공들이며 수행해온 연구를 발표할 때는 상당히 긴장이 되기 마련이다. 그 자리에서 발표한 내용이 긍정적 평가를 받게 되면 더할 수 없이 기쁘고 학자로서의 성취감 역시 크다. 그런데 그 반대의 경우라면, 학회장에서 마치 투명인간처럼 쥐도 새도 모르게 사라지고 싶은 심정일 때가 있다. 1857년 6월 독일의 박물학회general meeting of the Natural History Society of Prussian Rhineland and Westphalia in Bonn에서 플로트는 후자의 심정이지 않았을까?

그날 플로트는 네안더 계곡의 화석이 발견된 상황에 대해서 발표하였고, 샤프하우젠은 뼈대에 대한 해부학적 견해를 발표하였다. 요즘에도 새로운 화석이 발견되면 지질학적 맥락과 퇴적환경에 대한 분석은 뼈대 자체에 대한 형태학적 특징에 대한 분석과 별도로 그 결과가 발표된다. 따라서 플로트가 화석을 발견할 당시의 정황과 퇴적환경에 대해 발표한 점은 상당히 바람직했다고 보인다.

플로트의 뒤를 이어 샤프하우젠은 의학적 관점을 바탕으로 최대한 조심스럽게 자신의 분석결과를 설명했다. 당시 대중에게 사람이란 신이 빚은 완벽한 존재였으니 어찌 조심스럽지 않을 수 있었을까. 그 자리에서 샤프하우젠은 비록 우리와 같진 않지만 다른 종류의 사람이 있다는 걸 커밍아웃하는 입장이었다.

샤프하우젠은 주의 깊게 관찰하여 분석한 결과를 담담하게 이야기했다. 현대인의 머리뼈와 비교했을 때, 이마는 말도 안 되게 낮고 눈썹이 있었을 부위의 뼈는 앞으로 심하게 돌출되었다. 또 뒷머리뼈의 한가운데는 불룩하게 튀어나와 있고 왼쪽 아래팔뼈는 생전에 부러져 변형이 생겼으며 허벅지뼈는 매우 강건해 보였다는 사실을. 그는 이 뼈가 상당히 오래되어 화석이 된 상태라는 것과 지금까지 알려지지 않은 형태이긴 하나 뼈들의 특이한 형태가 병 때문은 아니라고 분명하게 지적하였다.

샤프하우젠은 네안더 화석이 발견되기 전부터 생물 종species이 변할 수 있다는 생각을 이미 하고 있었던 것 같다. 그렇지 않고서야 네안더 계곡의 화석이 우리와는 다른 매우 오래된 종류의 사람이라는 걸 확신할 수 없었을 테니 말이다. 그날의 학회장에서 샤프하우젠이 화석의 중요성과 향후 격렬하게 논의될 중요한 쟁점들을 얼마나 정확하게 짚어냈는지에 대해서는 네안데르탈인 연구로 유명한 에릭 트린카우스Erik Trinkaus가 팻 시프먼Pat Shipman과 함께 쓴 『네안데르탈』에도 잘 기술되어 있다. 그들은 샤프하우젠이 네안데르탈인 화석의 중요성을 제대로 잘 이해하고 있었다고 평하였다. 그러나 이러한 평가는 한 세기가 훌쩍 지난 다음의 일이다. 발표가 있었을 당시엔 독일 학계는 물론 일반 대중도 플로트와 샤프하우젠의 해석을 받아들이지 않았다.

　사실 학자는 어떤 연구를 하든 늘 객관적이어야 한다. 하지만 때로 그러한 중립성을 냉정하게 유지하기가 참으로 어려운 순간도 있다. 고인류 화석을 발굴하는 현장을 한번 상상해보자. 발굴 현장은 상상하기 힘들 정도로 삭막하기 그지없다. 지형지물이라곤 산과 나무가 띄엄띄엄 있는 게 전부인 현장에서 어제 판 흙을 오늘도 파면서 앞으로 더 파 나가야 할 끝도 없는 흙 천지를 보고 있노라면 한숨이 절로 나온다.

　그러나 고인류 화석을 찾겠다는 일념으로 수년 동안 지루하고 고된 작업을 이어간 끝에 운 좋게 화석을 한 점이라도 찾아낸다면, 그 순간부터 고인류학계에서 명성을 날리게 된다. 이건 로토 당첨과도 같은 일생일대의 사건이다! 이렇게 찾은 유물을 냉철하게 객관적으로만 판단하는 게 어디 쉬운 일이겠는가? 학자이기 이전에 사람이기에 자신이 발견한 화석을 좀 더 가치 있는 자료로 평가하고 싶은 마음이 은연중에 생기기 마련이고, 때론 그러한 마음이 연구에 작용할 때도 있다.

　하지만 반대로 남의 연구를 지켜보는 입장에서는 매의 눈으로 평가의 공정성을 따지기 마련이다. 2013년 남아프리카에서 발견된 호모 날레디 *Homo naledi* 화석은 호모 속에 속하는 새로운 종으로 명명되며 2015년 고인류학계의 샛별로 떠올랐다. 고인류학계에서는 화석이 발견되었다는 것 그 자체만으로도 큰 뉴스거리가 된다. 그런데 지금까지 확인된 종들과는 다른 새로운 종이라니. 이건 평생 고인류학사에 길이 남을 일이다.

　호모 날레디를 찾은 남아공 비트바테르스란트대학교의 고인류학자 리

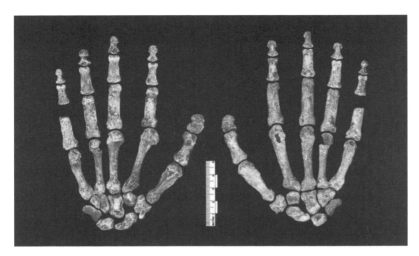

리 버거가 발견한 호모 날레디의 손 화석.

버거Lee Berger는 이 발견으로 학계에서 떠오르는 별이 되었다. 하지만 호모 날레디가 그 이름이 담고 있는 뜻처럼, 계속 고인류학계를 비추는 별로 남을지는 앞으로 나올 분석결과에 달려 있다. 발견된 동굴 이름을 딴 '날레디'는 떠오르는 별을 뜻한다.

독일에서 박물학회가 열리던 그날, 플로트와 샤프하우젠 역시 떠오르는 별까지는 아니지만 최소한 자신들의 발견과 견해가 학계에서 거부당할 거라고는 생각지 못했을 것이다. 하지만 반응은 그야말로 냉랭했다. 학회장에서 발표가 끝나자 바로 반론들이 제기되었고, 논문이 나오자 다시 두 사람은 '악플러'들의 입에 오르내리며 조롱의 대상이 되었다. 창조론자들과 기독교인들의 반발은 굳이 말할 필요도 없고, 당시 독일 학계를 주름잡던 저명한 학자들 역시 두 사람의 편이 되어주지 않았다.

잘못된 해석과 시나리오

고인류학은 종 단위에서 현생인류와 그 이웃 종들 간의 관계를 탐구하기 때문에 발견된 화석을 어떻게 분류할 것인가가 아주 중요하다. 따라서 새로운 화석을 발견하면 가장 먼저 이 화석이 기존에 알려진 종들과 어떻게 비슷하고 어떤 면에서 서로 다른지를 살펴보는 작업에서부터 연구가 시작된다.

하지만 화석에 대한 분류는 늘 말도 많고 탈도 많다. 분류가 맞는지 틀린지 알 길이 없기 때문에 누군가는 "이것이 정답이다!"라고 자신 있게 말하지만, 다른 편에서는 또 다른 주장을 할 수도 있다. 이런 문제들 때문에 견해가 맞지 않는 연구자들은 학계에서 영원히 앙숙이 되기도 한다.

네안더 화석에 대한 샤프하우젠의 견해를 가장 먼저 반박한 사람은 본 대학교의 선배 해부학 교수인 아우구스트 마이어August Franz Josef Karl Mayer 였다. 그는 화석의 주인공이 구루병을 앓았으며, 평생 말을 탄 사람처럼 허벅지뼈와 골반뼈가 변형되었다고 주장하였다. 오랫동안 말을 타면 특유의 자세 때문에 허벅지 안쪽 근육adductor muscle의 아래쪽에 뼈 조직이 자라나는 변형이 발생한다. 주로 말을 타는 직업을 가진 사람에게서 나타나기 때문에 이러한 뼈 변형을 일컬어 일명 '기수의 뼈rider's bone'라고 한다.

말을 타는 행위 때문에 뼈가 변형된 예는 기원전부터 중세까지 다양한 집단에서 확인되어왔다. 기차나 자동차가 발명되기 전까지 이동과 운송의 수단으로 말만 한 동물이 어디 있었겠나. 연구에 따르면 고대 사회에서 가장 치명적인 외상 중 하나가 바로 말의 공격이나 낙상에 의한 골절이었다. 기마유목민족으로 유명한 스키타이족의 경우 오랫동안 말을 타는 생활 때문에 등뼈 사이의 디스크가 뼈 밖으로 튀어나오는 슈모를 결절Schmorl's node 증상이 빈번하게 나타난다는 보고도 있다.

마이어는 네안더 계곡에서 나온 허벅지뼈가 비범하게 휘어져 있는 점을 이상하게 보았고, 이러한 특징이 기마 자세에서 비롯되었다고 생각했다. 이러한 특징을 근거로 마이어는 주인공이 군대에 소속된 병사일 가능성을 제기했고, 마침내는 전쟁에서 부상당한 병사가 네안더 계곡의 동굴 속으로 들어가 사망하였을 거라는 기막힌 시나리오까지 만들었다.

베일에 싸인 시신을 대상으로 만들어내는 시나리오는 언제나 흥미진진하다. 특히 이야기가 구체적일수록 대중의 귀에는 더 솔깃하게 들린다. 마이어는 어릴 때 구루병을 앓았던 주인공이 기마 부대에 소속되어 계속 말을 타면서 더욱 심하게 다리가 구부러졌다고 설명했다. 오래된 사람이 지금의 사람과 결코 다르지 않다고 생각하면, 화석의 특징을 질병 때문이라고 설명하는 것이 가장 손쉬웠을 것이다. 또 뼈가 휘어지는 구루병은 19세기에는 아주 흔한 병이었기 때문에 마이어의 주장은 현실적으로 설득력을 가질 수밖에 없었다.

병에 걸린 현대인일 거라는 마이어의 견해를 받아들여 이후 가장 주목할 만한 반론을 제기한 사람은 독일의 루돌프 피르호Rudolf Virchow였다. 피르호라는 이름이 생소하게 느껴질지 모르겠지만 의학계에서 그의 명성은 실로 엄청나다. 그는 질병의 기본 단위가 세포라는 사실을 발견한 업적으로 오늘날 현대 세포생물학 및 병리학의 아버지라 불린다. 뿐만 아니라 독일 인류학회를 만들었고, 고고학자 하인리히 슐리만과 함께 그 유명한 트로이의 유적을 발굴한 인류학자이기도 하다. 여기에 그치지 않고 공공의료의 개선을 주장하여 정치가로도 활약했다.

예일대학교 의대 교수였던 셔윈 뉼런드Sherwin B. Nuland가『닥터스-의학의 일대기』에서 서양 의학의 역사를 바꿨다고 평한 영웅들 가운데 한 명으로 소개했을 정도로 피르호는 많은 업적을 남겼다. 그런 그가 진화론을 열렬히 반대했다는 사실은 놀랍다. 피르호는 진화론을 과학이 아닌 신념으로 보고, 진화론이 당시 사회의 도덕적 기초를 공격한다고 비판했다.

세포를 연구하는 과학자이자 의학자였던 그에게조차 진화는 넘을 수 없는 장벽이었던 것 같다. 독일의 공립학교에서 진화론을 가르치면 안 된다고까지 주장하였을 정도니 말이다. 물론 지금이라고 해서 모든 사람들이 진화를 인정하는 건 아니나, 당시의 피르호는 엄청나게 영향력 있는 인물이었기 때문에 문제가 컸다.

피르호에게 생물이란 언제나 같은 상태로 유지되는 것이었다. 그러니 종이 시간에 따라 변할 수 있다는 가능성에 대해 재고할 여지 같은 건 애초에 없었다. 즉 사람 비스무레한 존재도 있을 수 없는 것이었다. 따라서 사람과 비슷하지만 현대 사람이라고 하기엔 찜찜한 구석이 많은 네안데르탈인의 존재는 피르호에게 있어서 용납될 수 없는 사례였다.

네안더에서 발견된 화석이 고향인 독일에서조차 환영받지 못했던 데에는 피르호의 영향이 컸다. 화석이 발견된 바로 그해 1856년에 베를린대학교의 교수가 되면서 피르호는 곧 독일 생물학계를 대표하는 학자가 되었다. 피르호는 네안더 화석이 구루병과 관절염에 시달린 현대인의 유골이라고 단정지었으며, 이 주장은 그후 몇십 년 동안 고수되었다. 1860년대 중반 독일에서 가장 영향력 있는 의사였던 피르호였기에 그의 주장은 네안데르탈인의 과학적 가치를 당시 학계에서 수용하고 인정하는 데에 많은 시간이 걸리도록 했다.

진화론과 네안데르탈인

네안데르탈인 화석이 인류 진화의 증거가 되려면 가장 먼저 뼈의 주인공이 우리가 생겨나기 훨씬 이전에 살았던 아주 오래된 존재라는 것을 인정해야만 했다. 지금이야 화석이나 토양 시료를 가지고 화석의 연대를 직접적으로 측정할 수 있는 방법들이 많지만, 네안데르 계곡에서 화석이 발견되었을 당시에는 꿈도 꾸지 못할 일이었다. 화석의 연대가 오래되었는지 아닌지는 지층이 형성된 순서로 판가름된다. 또 오래된 지층은 함께 출토된 동물 뼈 화석을 통해서도 알 수 있다.

네안데르 화석이 발견된 것과 같은 시기인 영국의 빅토리아시대에는 뼈가 오래되어 화석이 된 상태인지를 알아내기 위해 뼈를 혓바닥에 붙여보기도 했다. 지금 생각하면 엽기적이기까지 한데, 당시에는 지질학자가 혓바닥에 뼈를 붙여서 떨어지지 않으면 오래된 화석일 가능성이 높다고 믿었다고 하니 150년이라는 시간이 참으로 아득하게 느껴진다.

오래된 뼈라고 인정한다면, 형태적으로 우리와 어떻게, 얼마나 다른지를 제삼자가 납득할 수 있는 수준으로 설명할 수 있어야 한다. 그런데 얼마나 닮았는지, 얼마나 다른지를 결정하는 일은 사실 주관적일 수밖에 없다. 똑같은 아이를 보고도 누구는 아빠 판박이라고 하는 사람이 있는가 하면, 누구는 엄마를 더 많이 닮았다고 하지 않는가?

그러니 눈두덩부터 뒷머리뼈 일부까지만 남아 있는 불완전한 머리뼈와 약간의 몸통과 팔다리뼈만으로 우리와 같은 인간인지 아닌지를 판단하는 일이 결코 쉬웠을 리 없다. 뼈의 여러 특징이 보통의 범주에서 벗어난다고 해서 인간이 아니라고 속단할 수도 없었을 테고, 그렇다고 우리 인간과 같은 범주라고 하기엔 석연치 않은 부분들이 많았기 때문이다.

이러한 차이가 현생인류 내에서 개체들이 가질 수 있는 특별함이라고 판단한다면, 종 내 개체들 사이에서 나타날 수 있는 변이라고 인정해야 한다. 하지만 그러한 특징이 종 내에서 결코 나타날 수 없는 특징이라고 판단한다면, 우리와는 다른 종이 되어야 한다. 예를 들어 이종격투기를 하는 최홍만 선수처럼 키가 2미터가 넘고 아래턱이 잘 발달한 사람의 뼈를 찾았다고 하자. 이 뼈의 주인공이 사람이라고 본다면, 개체가 갖는 특징이 사람 사이에서 나타날 수 있는 특징이라고 인정하는 것이다. 반대로 이렇게 생긴 뼈의 주인공이 사람일 수는 없다고 판단한다면, 개체의 주인공은 사람이 아닌 다른 종으로 분류되어야 한다.

만약 오래된 동굴에서 사람도 아니고 원숭이도 아닌, 요상하게 생긴 뼈를 줍는다면 어떻게 판단해야 할까? 결국 판단의 이면에는 학자들 개인의 신념과 더불어 당시 학계에서 유행하는 지적 전통이 촘촘히 깔릴 수밖에 없다. 바로 이런 맥락에서 네안더 화석이 발견되고 얼마 지나지 않아 발표된 진화론은 네안데르탈인의 해석에 지대한 영향을 미친다.

네안더 계곡에서 네안데르탈인 화석이 출토되고 2년이 지난 1858년 7월 찰스 다윈은 앨프리드 러셀 월리스Alfred Russel Wallace와 함께 런던에서 열린 '린네 학회Linnean Society'에서 진화와 관련된 이론을 발표했다. 그리고 그 다음 해인 1859년 11월 드디어 『종의 기원』이 출간되었다. 창조주에 의한 천지창조를 의심하지 않았던 시대였지만, 출간 당일에 초판본이 매진될 만큼 반응은 뜨거웠다.

다윈의 견해는 곧바로 논란의 대상이 되었을 뿐 아니라 지난 150년 남짓한 시간 동안 늘 '창조론'과 '진화론'이 벌인 논쟁의 중심에 있어왔다.

그의 사상이 미친 영향을 감안한다면, 그의 견해는 가히 혁명이라 할 만하다. 하지만 당시 창조된 천지를 믿던 사람들의 세계관을 하루아침에 뒤엎을 수는 없었다. 신이 천지를 창조하였다고 믿던 사람들에게 지구상의 생명체가 자연의 법칙에 따라 그저 우연히 나타나기도 하고 사라지기도 하고 또 변해간다고 말하는 진화론은 그야말로 어이를 상실하게 하는 이론이 아닌가.

이런 분위기에서 본다면, 진화적 맥락 안에서 들여다봐야 할 네안데르탈인의 화석 역시 당시엔 부정될 수밖에 없는 존재였다. 하지만 당시에 피르호 같은 사람만 있는 건 아니었다. 샤프하우젠처럼 드러내놓고 말하진 않았지만 종의 변이를 받아들이기 시작한 과학자들도 한편엔 존재했다.

또 시간이 지나면서 사람들은 신의 질서를 의심하게 하는 흔적들을 목격했다. 여행과 탐험을 떠나, 그곳에서 멸종된 동물의 화석을 발견하기도 하고, 사는 곳에서는 볼 수 없던 동물과 식물들을 직접 보게 되었다. 이제 진화의 하늘은 더 이상 손바닥으로 가린다고 가려질 수 있는 차원이 아니었다! 진화론이 학계와 사회 일반에서 뜨겁게 논의되면서 네안데르탈인에 대한 논쟁도 한층 더 뜨거워졌다.

독일에서 피르호 덕분에 네안더 화석의 가치가 평가절하되었다면, 영국에서는 상황이 좀 달랐다. 다윈 말고도 진화론을 지지하는 든든한 지지자들이 있었기 때문이다. 먼저 '다윈의 불독'이라는 별명이 붙은 토머스 헉슬리Thomas Henry Huxley가 있었다. 그가 영국 옥스퍼드의 학회에서 주교와 벌인 논쟁은 유명하다. 진화론자들을 비꼬며 유인원 조상이 할아버지인지, 할머니인지를 묻는 주교를 향해 그는 과학을 왜곡하는 인간이 유인원 조상을 가진 것보다 더 부끄럽다고 얘기했다. 영국의 개 불독이라는 별명이 헉슬리에게 그냥 붙은 건 아니다.

헉슬리는 『종의 기원』이 출판되고 몇 해가 지난 1863년 『자연계에서 인간의 위치에 대한 증거Evidence as to Man's Place in Nature』를 출간하였는데, 이 책에서 인간이 유인원과 매우 가까운 관계이며, 유인원과 우리 사이를 연결하는 중간고리가 바로 네안더 화석이라고 적었다. 덧붙여 네안더 화석이야말로 진화론을 입증하는 증거라고 주장했다.

이러한 판단을 내리기까지는 지질학자이며 다윈과 절친한 사이였던 찰스 라이엘Charles Lyell의 도움이 있었다. 라이엘은 영국에 있던 헉슬리에게 네안더 계곡의 화석 모형을 가져다주었다. 우리에게 찰스 라이엘 하면 『지질학의 원리Principles of Geology』가 먼저 떠오르지만 그는 네안더 화석과도 인연이 무척 깊어 고인류 연구사에서 빠질 수 없는 인물이다.

라이엘은 1860년에 플로트의 초청을 받아 네안더 계곡을 방문하였다. 당시에 화석이 오래된 것인지를 증명할 수 있는 유일한 방법은 지층의 형성 순서를 조사하는 일이었기 때문에, 플로트는 라이엘을 독일로 초청하여 화석이 발견된 지층을 보여주었고 머리뼈 모형도 주었다. 라이엘은 네안더 화석이 발견된 지층이 오래된 것이라고 확신했고, 화석 역시 그럴 거라고 주장하였다. 진화가 그러하듯 우리의 기원과 본질을 꿰뚫는 통찰력 역시 예측 불가능한 어느 시대에 이렇게 축적되기 시작했다.

새로운 사람

다윈과 다윈의 계승자들에게 진화가 확고한 믿음이 된 가운데, 1861년 영국 출신 의사이자 고생물학자였던 조지 버스크George Busk는 독일어

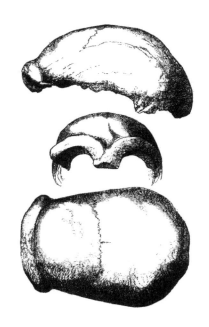

조지 버스크가 그린 네안데르탈인 두개골.

로 된 샤프하우젠의 논문을 영어로 번역하여 영국의 『자연사 리뷰Natural History Review』에 발표하였다. 버스크는 다윈이 윌리스와 함께 진화 이론을 발표했던 린네 학회의 열성 회원이며, 헉슬리의 친구이기도 했다. 라이엘에게서 네안더 화석의 머리뼈 모형을 받은 헉슬리와 함께 버스크는 몇 해 동안 화석을 연구하며 많은 연구 성과를 발표했다.

후에 버스크는 의사를 그만두고 자연사가이자 고생물학자로 활동하였는데, 1848년에 발견되어 벽장 속에 잠자고 있던 지브롤터의 네안데르탈인 화석을 영국으로 가져오기도 했다. 후에 그는 지브롤터 머리뼈를 분석하면서 네안데르탈인을 현생인류와는 다른 별개의 종으로 인정해야 한다고 주장하였다.

한편, 라이엘이 독일에서 들고 온 네안더 화석의 모형은 라이엘의 제자인 아일랜드퀸스칼리지의 지질학 교수 윌리엄 킹William King에게도 영향을 미쳤다. 1863년 킹은 스승이 가져온 머리뼈가 사람보다는 침팬지에 더 가깝기 때문에 우리와는 다른 새로운 종이라고 주장하였다. 이러한 견해는 화석이 특이한 형태이긴 하지만 확실히 사람의 범주에 속한다고 보았던 헉슬리와는 사뭇 다른 주장이었다. 킹은 우리와는 다른 이 새로운 종의 존재를 인정해야 한다고 주장하면서 1863년에 종의 이름을 호모 네안데르탈렌시스라고 부를 것을 제안하였다.

도대체 화석의 이름은 왜 이다지도 길까? 어디 길기만 한가? 어렵기도 해서 잘 외워지지도 않는다. 어쨌든 네안데르탈인은 네안더 화석이 발견된 바로 그 네안더 계곡의 지명을 따서 오늘날까지 '호모 네안데르탈렌시스'라고 불린다. 하지만 이름을 지은 킹은 실제로 네안데르탈인의 화석을 한 번도 본 적이 없었다. 여러 사람의 손을 거쳐 들어온 모형과 그림 몇 점을 보고 새로운 종의 이름을 부여한 셈이다. 또 당시에 그는 해부학자도 아니고 지질학자였다.

호모 네안데르탈렌시스라는 이름이 별거 아니라고 생각할 수 있지만, 당시는 호모 사피엔스라는 이름만 있을 때였다. 따라서 호모 속에 속하는 다른 종의 존재를 생각했다는 것 자체는 분명 매우 놀라운 발상이다. 놀라운 이름을 남긴 작명가의 이름은 오늘날 잊혔지만 그가 지은 화석의 이름만은 남았다. 몇 해 전 화석의 이름이 지어진 지 150년을 기념하는 심포지엄이 아일랜드 연구위원회Irish Research Council의 후원으로 개최되었다. 말도 많고 탈도 많았지만 윌리엄 킹의 작명으로 네안더 화석은 드디어 사라진 종일 뿐 아니라 사람을 의미하는 호모 속의 새로운 사람으로 다시 태어났다.

🔬 호모 네안데르탈렌시스 vs. 호모 사피엔스 네안데르탈렌시스

위에서 윌리엄 킹이 호모 네안데르탈렌시스라는 이름을 지었다고 했지만, 사실 그가 지은 '호모 네안데르탈렌시스'라는 학명을 모든 학자들이 동의하며 사용하진 않는다. 호모 네안데르탈렌시스라는 이름은 이들이 호모라는 이름의 속은 우리와 같지만, 종 단계에서는 우리와 구분된다는 의미를 담고 있다. 다시 단순하게 말하면 속 단계에서는 우리와 같은 특징을 공유하지만 속보다 하위 범주인 종 단계에서는 우리와 같은 특징을 공유하지 않는다는 뜻이다. 화석이 된 뼈만 가지고 이렇게 명쾌하게 구분한다는 게 신기하지 않은가?

우리는 수업시간에 생물을 분류하는 범주 체계로 '종-속-과-목-강-문-계'에 대해서 배운 적이 있다. 종 위에 속이 있고 그 위에 과…… 이렇게 순차적으로 계까지. 이 개념들을 배울 때 실제로 모든 생물을 이렇게 분류할 수 있는 줄 알았다. 칼로 무 자르듯 명확하게 구분되는 이 범주가 무척이나 아름답다고 생각한 적도 있으니 말이다. 하지만 실제로 생물계의 모든 생물들이 이런 범주 속에 깨끗하게 담겨 정리될 수 있는 걸까? 현실세계에선 절대 그럴 수 없다. 하물며 현생 생물도 이러한데 화석으로 남은 뼈만 가지고 종 분류를 한다는 게 어디 쉬운 일이겠는가.

따라서 윌리엄 킹이 지은 학명의 의미에 동의하지 않는 학자들도 있는데, 이들은 네안데르탈인을 '호모 사피엔스 네안데르탈렌시스'라는 학명으로 불러야 한다고 주장한다. 이 이름은 네안데르탈인이 호모 사피엔스의 일종이기 때문에 속뿐 아니라 종도 우리와 같으며, 종보다 하위 개념인 아종 subspecies의 단계에서만 우리와 구분된다는 의미를 갖는다. 즉 호모 사피엔스 네안데르탈렌시스라는 이름은 호모 네안데르탈렌시스라는 이름보다 우리와 네안데르탈인의 차이가 훨씬 더 작다고 보는 입장이다.

그렇다면 과연 무엇이 맞고 무엇이 틀린 걸까? 사실 맞고 틀린 걸 가리는 건 애초부터 불가능해 보인다. 이 문제의 핵심은 우리와 네안데르탈인의 차이를 바라보는 기준의 문제이다. 예를 들어 오늘날 우리 몸속에 남아 있는 네안데르탈인 유전자의 의미를 고려한다면 호모 사피엔스 네안데르탈렌시스가 더 적절한 이름일 수 있다. 그러니 어떤 차이에 더 큰 의미를 부여하느냐에 따라 이름이 달라질 수 있는 것이다.

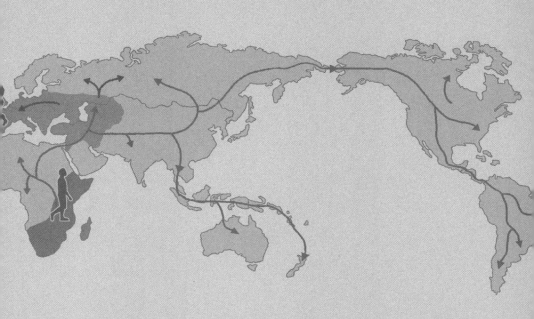

제3장

뼈가 말하는 것들

닥터 본즈, 뼈를 읽는 사람들

책을 읽는 것처럼, 뼈를 연구하는 과학자들은 사람을 포함한 여러 동물의 뼈대에서 많은 정보를 읽어낸다. 말문이 트인 아이가 점점 자라면서 글을 읽게 되기까지의 과정을 한번 생각해보자. 처음엔 ㄱ, ㄴ, ㄷ, ㅏ, ㅔ, ㅣ, ㅗ, ㅜ 같은 자음과 모음을 익히다가 간단한 낱말을 읽고, 마침내는 문장을 읽고 글의 줄거리도 이해하게 된다.

이와 마찬가지로 뼈를 연구하는 인류학자(골학자)들 역시 처음엔 뼈의 이름부터 외기 시작한다. 그다음, 각각의 뼈가 갖는 고유한 지표들, 예를 들면 어느 위치에 혈관이나 신경이 지나는 구멍이 몇 개 있고 어떤 선들이 있으며 표면에는 근육과 닿는 면들이 어떻게 분포하고 있는지와 같은 세세한 특징들에 대해서 파악한다.

또 뼈가 긴지, 굵은지, 생전에 부러진 곳이나 염증이 있었던 곳은 없는지에 대해서도 면밀하게 관찰한다. 뼈의 이런 특징들을 통해서 뼈의 주인공이 어른인지 아이인지, 남자인지 여자인지, 키는 얼마인지, 어떤 질병을 앓았는지에 대해서 평가할 수 있다. 따라서 골학자들은 사람들이 책을 읽는 것처럼 뼈를 읽어서 주인공이 어떤 삶을 살았는지에 대한 정보들을 얻는다.

또 어릴 때 책을 많이 읽어야 글쓰기를 잘하고 다양한 분야의 지식을 얻을 수 있는 것처럼, 골학자들도 가능한 한 많은 뼈를 보아야 유능한 뼈 전문가가 될 수 있다. 사람들의 생김새가 제각기 다르듯, 뼈의 생김새에도 저마다 개성이 있기 때문이다. 버스 맨 뒷자리에 앉아 앞쪽에 앉은 사람들의 뒤통수만 봐도 다 제각각임을 알 수 있다. 그러니 뼈가 다 거기서 거길 거라고 생각하는 건 큰 오산이다!

따라서 뼈를 바르게 읽어내기 위해서, 또 그러한 능력을 계속 유지하기 위해서는 가급적 많은 뼈를 자주 들여다보면서 이를테면 뼈에 대한 감각을 늘 최상의 컨디션으로 유지해야만 한다. 아무리 바빠도 하루에 한 시간 정도는 뼈를 들여다보는 것도 이 때문이다. 이처럼 골학자들이 뼈에서 많은 정보를 읽어내는 작업 자체가 때때로 일반인의 눈에는 신기하게 비춰지기도 한다.

미국 드라마 〈본즈Bones〉 시리즈의 닥터 본즈가 매력 넘치는 캐릭터로 많은 사랑을 받게 된 것도 뼈를 읽는 그녀의 능력을 보는 재미가 꽤나 쏠쏠했기 때문이 아닐까 싶다. 사실 〈본즈〉는 법의인류학자인 캐시 라이크스Kathy Reichs의 『템퍼런스 브레넌Temperance Brennan』이라는 소설 시리즈를 바탕으로 만들어진 드라마이다. 캐시 라이크스는 미 국방성 산하 연구소에서 전사자들의 신원을 밝히는 법의인류학자로 일했고, 미국법과학회의 부회장을 역임했을 정도로 영향력 있는 법의인류학자이다. 그러니 드라마 〈본즈〉의 영웅, 닥터 본즈는 실제 법의인류학자가 만들어낸 가공의 법의인류학자인 셈이다.

닥터 본즈가 그러하듯이, 골학자들은 뼛조각 몇 점으로 주인공의 성별, 나이는 물론 생전에 무슨 음식을 주로 먹었는지, 어떤 일을 하며 살았던 사람인지를 척척 알아낸다. 점쟁이도 아닌데 뼈만 보고 몇 살인지, 직업이 뭔지를 어떻게 알 수 있냐고? 물론 뼈에 남겨진 흔적으로 주인공의 삶을 읽어내기 위해서는 수많은 수련의 시간이 필요하다. 또 닥터 본즈가 되기 위해서는 생물인류학, 법의인류학 또는 해부학 과정의 박사학위도 필요하다.

죽은 자는 원래 말이 없지만, 골학자들은 뼈를 통해 죽은 사람의 이야기를 듣는다. 죽기 전으로 시간을 되돌린다면 모를까, 어떻게 죽은 사람의 이야기를 듣는 일이 가능할까? 일단 성별이나 나이, 키와 같은 특징들은 특정한 뼈대 부위에 영원히 흔적을 남기기 때문에 뼈의 형태로 알아낼 수가 있다.

또 우리가 살면서 경험하는 일부 질병과 외상도 뼈에 독특한 흔적을 남긴다. 뿐만 아니라, 그 흔적은 평생 지워지지 않는다. 질병이나 외상 외에, 일상적으로 반복되는 행위들도 뼈에 그 흔적이 남는다. 예로 야구 선수나 테니스 선수처럼 한쪽 팔만 계속 사용하는 경우 뼈에는 그 흔적이 남고, 그들의 뼈가 우연히 남아 분석될 경우에는 뼈에 남은 흔적으로 주인공의 직업이나 생전 습관을 알아낼 수 있다. 발에 꼭 맞는 스케이트를 신고 몸을 공중으로 날려 세 바퀴를 돌고 얼음판 위에 한 발로 착지하는 김연아 선수의 발뼈가 우리와 같지 않은 건, 태어날 때부터가 아니라 바로 수많은 연습의 결과인 셈이다. 이처럼 뼈는 우리 몸속에서 살아 숨쉬며 개인이 경험하는 삶의 역사를 고스란히 기록한다.

이 장에서 닥터 본즈들은 네안데르탈인의 뼈가 우리에게 어떤 이야기를 들려주는지에 대해 말한다. 지구가 매우 추웠을 때 살았던 네안데르탈인의 뼈는 우리와 비슷하기도 하고 무척 다르기도 하다. 하지만 그들은 매우 똑똑했고, 남을 보살필 줄 아는 동정심도 있었고, 무엇보다 우리와 사랑을 나누던 이웃이었다. 그들의 뼈가 어떻게 이런 이야기들을 하고 있는지 지금부터 알아보도록 하겠다.

어떻게 뼈로 키와 몸무게를 추정할까?

골학자들은 팔뼈, 다리뼈 한 점만으로도 주인공의 생전 키를 추정해낸다. 원리는 간단하다. 우리의 키는 팔다리뼈의 길이와 비례한다. 즉 키가 큰 사람은 팔도 길고 다리도 길다. 좀 더 학문적으로 얘기하면 우리의 키는 팔다리뼈 길이와 선형의 상관관계를 갖는다. 이런 이유로 팔뼈 중에서는 어떤 뼈가, 다리뼈 중에서는 어떤 뼈가 키와 어느 정도의 상관관계를 갖는지를 알아내야 키를 좀 더 구체적으로 추정해낼 수 있다.

지금까지 골학자들은 물론 수많은 법의인류학자들이 이 관계를 알아내기 위해 연구에 연구를 거듭해왔다. 특정 뼈의 길이와 너비를 잰 값들이 키와 어느 정도의 상관관계를 갖는지에 대해서 말이다. 이를 위해, 생전의 키를 알고 있는 수많은 개체들의 뼈를 모두 일일이 재고, 각 뼈의 길이가 얼마만큼 길면 키는 어느 정도 큰지에 대한 공식을 만들어냈다. 또 연구를 통해 키를 추정하는 데에 팔뼈보다는 다리뼈가 더 효과적이라는 사실도 알아냈다.

하지만 키와 팔다리뼈 길이의 관계는 집단마다 다를 수 있다. 즉 어느 곳에 사는 사람인지에 따라서 그 관계는 달라진다. 예를 들어, 한국 사람과 이탈리아 사람의 팔다리뼈 길이와 키의 관계는 서로 다를 수 있다. 이 때문에 한국 사람의 뼈를 이용해 만든 키 추정 공식을 이탈리아 사람의 키를 추정하는 데에 적용하면 오차가 발생한다. 이러한 차이는 동시대 집단들뿐 아니라 집단 내 성별과 연령이 달라져도 나타난다.

이러한 맥락에서 네안데르탈인처럼 오래된 옛 인류와 오늘날 현생인류 간에도 분명 그러한 차이가 있었으리라 생각할 수 있다. 그렇다면 수만 년 전 인류의 키를 추정하는 공식이 별도로 있어야 하지 않을까? 아직까지 고인류의 키를 추

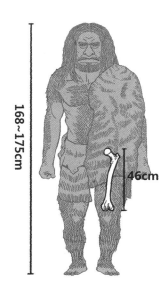

168~175cm

46cm

키와 다리뼈의 관계를 이용해 키를 추정한다.

정하기 위해 특별히 만들어진 공식은 없다. 앞에서 말한 대로 키 공식을 만들기 위해서는 생전의 키를 정확히 알고 있는 집단의 뼈가 남아 있어야 한다. 즉 죽기 전에 한 번이라도 키를 재서 그 수치를 어딘가에 기록해둔 사람들의 뼈가 많이 남아 있어야 그 사람들을 대상으로 키와 팔다리뼈 길이 간의 정확한 상관관계를 방정식으로 만들어낼 수 있는 것이다.

그러니 신체검사 같은 걸 해본 적 없는 옛 인류를 대상으로 키를 추정하는 공식을 만들어내는 건 불가능하다. 따라서 네안데르탈인 같은 고인류의 팔다리뼈가 온전하게 발견되면 현생인류를 대상으로 만들어낸 공식에 대입하여 대략적으로 키를 추정하거나, 뼈 길이 또는 팔다리뼈의 비율이 비슷한 집단을 찾아서 그 집단을 대상으로 만들어진 키 공식에 넣는 방식으로 키를 추정해낸다.

몸무게를 추정하는 방식도 키를 추정하는 방식과 기본 원리는 다르지 않다. 키 추정 공식에 팔다리뼈의 길이 값이 주로 이용되었다면, 몸무게 추정

공식에는 좌우 골반뼈의 전체 너비와 허벅지뼈 머리의 지름이 주로 이용된다. 몸무게 추정 공식도 키와 마찬가지로 집단마다 차이가 있을 수 있으며, 특히 요즘처럼 비만이 흔한 경우에는 특정 뼈 부위의 크기만으로 피하지방의 양을 가늠하기 어려울 수 있다.

추위에 끄떡없는 체형

네안데르탈인은 지구가 극악무도하게 추웠던 약 13만 년 전부터 3만 년 전 무렵까지 지구상에 존재한 것으로 추정된다. 지질연대로 치자면, 그들은 약 180만 년 전부터 1만 년 전의 플라이스토세Pleistocene에 속하는 마지막 빙하기에 살았고, 지금 우리는 1만 년 전 무렵부터 시작된 홀로세Holocene라고 하는 따뜻한 시기인 간빙기에 살고 있다. 그러니 오늘날 우리가 겪는 한겨울의 추위는 아무리 추워봤자 빙하기 사이의 따뜻한 간빙기이기 때문에 사실 네안데르탈인이 살았던 때와는 비교도 안 될 정도로 따뜻한 겨울이다.

플라이스토세는 10만 년을 주기로 빙하가 늘어났다가 줄어들면서 지구의 기후가 급격하게 오르락내리락하던 때이기도 하다. 이때에는 북극권뿐만 아니라 영국, 독일, 폴란드, 스칸디나비아, 캐나다, 미국 대부분의 땅이 얼음으로 덮여 있었기 때문에 오늘날에는 상상하기 힘들 정도로 전 지구가 꽁꽁 얼어붙어 있었다. 또 이 기간에는 지구상에 거대 동물군群이 번성했는데, 2만 년 전의 빙하시대를 배경으로 하는 만화영화 〈아이스 에이지〉 속의 주인공인 땅나무늘보, 털매머드, 검치호랑이가 바로 이때에 살았다.

이러한 거대 동물들과 함께 살았던 네안데르탈인은 약 200만 년 전에 가장 처음으로 아프리카를 떠나 구대륙으로 이동한 호모 에렉투스에서 진화하여 갈라져 나온 것으로 여겨진다. 한편 오늘날 우리는 약 10만 년 전에서 5만 년 전 사이에 아프리카를 떠나 전 세계로 퍼져나간 집단의 후손이다. 따라서 우리와 네안데르탈인은 서로 다른 환경에서 진화했다. 이 때문에 우리의 몸은 네안데르탈인과 다를 수밖에 없다.

왜냐면 우리 몸은 모든 생물과 마찬가지로 우리가 사는 환경에 적응하며, 우리가 살아가는 삶의 방식을 반영하기 때문이다. 즉 추위가 계속되면 우리 몸은 추위에 효과적으로 대응할 수 있도록 한다. 물론 지금은 추위를 반드시 맨몸으로 막아야 할 이유가 없다. 오리털, 거위털, 양털, 알파카털까지 동원해 만든 두툼한 패딩 하나면 눈밭에서 뒹굴며 스키를 타든 썰매를 타든 끄떡없다.

하지만 네안데르탈인에게는 추위를 이겨내는 데에 도움이 될 만한 두툼한 패딩도, 실내를 따뜻하게 해줄 보일러 시설도 없었다. 불을 사용하긴 했지만 불은 이동하면서 추위를 견뎌내는 데에는 전혀 도움이 되지 못했다. 또 동물에게서 얻은 모피도 있었지만 바느질을 하지 않고 걸치고만 있어서 몸 구석구석으로 파고드는 한기를 차단하는 건 역부족이었다. 이처럼 혹독한 추위를 완충해줄 만한 변변한 도구들이 없었기 때문에 몸도 날씨에 대항할 수 있는 구조로 바뀌어야만 했다.

그렇다면 전 지구가 꽁꽁 얼어 있는 시기에 살았던 네안데르탈인과 우리는 구체적으로 어떻게 다를까? 만약 오늘날까지 네안데르탈인이 사라지지 않고 남아 있다면 어떤 모습이 우리와 가장 다를까 생각해보자. 아마 가장 먼저 눈에 들어오는 것은 그들의 몸매일 듯하다. 왜냐하면 네안데르탈인의 몸매는 요즘 텔레비전에 주로 나오는 사람들의 작은 얼굴, 호리호리한 몸매와는 아주 거리가 멀기 때문이다. 잘록한 허리에, 늘씬하다 못해 너무 가늘어서 부러질 것만 같은 팔다리로 무대 위를 누비는 걸그룹을 보고 있노라면, 같은 호모 사피엔스인데도 어쩌면 저렇게 다를까 하는 생각이 절로 들곤 하는데, 하물며 네안데르탈인에게 그들은 같은 사람과Hominidae 동물의 한 종류로 보이기 어려울 것 같다.

네안데르탈인은 떡 벌어진 어깨와 짧지만 다부진 팔다리를 가졌다. 네안데르탈인의 몸매를 오늘날 현생인류와 비교해보자. 서로 키가 같을 때 네안데르탈인은 현생인류보다 몸무게가 평균적으로 30퍼센트 정도 더 많이 나간다. 생전의 몸무게는 허벅지뼈의 가장 윗부분 머리가 얼마나 큰지, 또는 골반뼈의 넓이가 얼마나 넓은지를 측정해서 추정할 수 있다. 왜냐하면 이 부분의 크기와 너비가 몸무게와 높은 상관관계를 보이기 때문이다.

연구에 따르면, 네안데르탈인 남성은 대략 165~167센티미터의 키에 70~85킬로그램의 몸무게를, 여성은 158센티미터 정도의 키에 60~75킬로그램의 몸무게를 유지했을 것으로 추정된다. 하지만 몇몇 연구자들은 네안데르탈인이 우리보다 훨씬 작아서 키는 160센티미터 정도에 불과했을 거라고 주장하기도 한다. 분명 오늘날 우리가 부러워할 만한 몸매는 아니다.

이에 반해 2012년 호세 미구엘 카레테로José-Miguel Carretero 연구진이 보고한 우리 호모 사피엔스 조상의 키는 그야말로 현생인류modern humans의 '모던modern'이라는 형용사가 무색하지 않게 크다. 이들에 따르면 네안데르탈인과 같은 시기에 살았던 우리 호모 사피엔스 조상들의 키는 평균 신장이 177.4센티미터(남성은 184~186센티미터, 여성은 169~175센티미터) 정도로 추정된다. 이 연구의 결론은 이스라엘의 스쿨Skhul과 카프제Qafzeh 유적에서 나온 17개체의 팔, 다리뼈 길이에 대한 내용을 토대로 하고 있다.

짤따란 네안데르탈인의 몸매는 추운 기후를 이겨내기에 아주 적합한 체형이다. 추운 기후에 사는 동물들의 굵은 몸통과 짧은 팔다리는 몸의 열이 최대한 밖으로 빠져나가지 않도록 해 체온을 유지한다. 반대로 더운 기후에 사는 동물들은 몸속의 열을 최대한 빨리 밖으로 내보내야 체온을 일정하게 유지할 수 있다. 따라서 더운 기후의 지역에서는 몸의 열을 가급적 빨리 내보내는 체형을 가져야 사는 데에 훨씬 더 유리하다.

만화영화 〈뽀롱뽀롱 뽀로로〉에 등장하는 북극곰 포비와 사막여우 에디의 몸을 생각해보자. 극지방에서 사는 포비는 몸통이 굵고 팔다리는 짧은데에 반해 사막에서 사는 에디의 몸은 포비와는 반대다. 또 세계에서 가장 빠른 사나이인 우사인 볼트의 몸은 어떤가? 몸통이 가느다랗고 팔다리도 매우 길다. 이러한 차이는 오늘날 극지방에 사는 이누이트와 아프리카에 사는 마사이족을 비교해봐도 쉽게 발견할 수 있다.

네안데르탈인은 이누이트족보다 팔다리가 훨씬 더 짧은 극단적인 극지방 체형을 지녔다. 분명 오늘날 우리가 추구하는 이상적인 체형과는 거리가 멀다. 하지만 이들의 체형은 추운 기후를 견뎌내기 위한 적응의 산물이다. 따라서 네안데르탈인의 체형은 극한의 추위를 이겨내며 그들의 삶을 유지시킬 수 있었던 원동력이 되었음이 분명하며, 그 증거가 바로 그들의 몸속 뼈에 고스란히 남아 있다.

북극 몸매와 사막 몸매

대부분의 포유류는 주변 환경과 상관없이 항상 자신의 체온을 일정하게 유지한다. 만약 체온이 과도하게 올라가거나 떨어지면 목숨을 잃기도 한다. 따라서 몸의 열을 유지하거나 밖으로 내보내는 기능은 매우 중요하다. 우리와 이전에 살았던 인류를 포함해 모든 포유동물의 몸 크기와 형태는 기후와 밀접한 관련이 있다.

더운 기후에서는 가느다란 몸통이, 추운 기후에서는 굵은 몸통이 체온을 유지하는 데 더 유리하다. 덩치가 큰 사람과 작은 사람 중에 누가 추위와 더위를 더 많이 타는지 한번 곰곰 생각해보자. 추운 환경에서는 비슷하게 생긴 포유동물 가운데 몸집 작은 동물이 몸집 큰 동물에 비해 확실히 체온을 더 빨리 잃는다.

그러니 몸집 큰 동물은 추운 기후에 더 잘 적응하고, 몸집 작은 동물은 더운 기후에 더 잘 적응한다. 이 법칙은 19세기 독일의 동물학자인 크리스티안 베르크만Christian Bergmann이 발견하여 '베르크만의 법칙'이라고 불린다. 한편, 몸집이 비슷하다면 팔다리가 길고 가는 동물들이 팔다리가 짧고 두꺼운 동물보다 더 빨리 열을 몸 밖으로 내보낸다. 이러한 이유 때문에 팔다리가 긴 동물들은 더운 기후에 더 잘 적응한다. 팔다리뿐 아니라 귀와 코를 비롯한 몸의 말단 부위도 추운 곳에 사는 항온동물일수록 더 작고, 더운 곳에 사는 동물일수록 더 크다. 이 법칙은 조엘 앨런Joel A. Allen이 정리해서 '앨런의 법칙'으로 불린다. 이제, 자신이 어느 기후에 적합한 몸매를 지녔는지 자신의 체형을 한번 살펴보기 바란다.

평균 기온이 높은 지역일수록 길고 가느다란 팔다리를 가진 체형이 적응에 더 유리한 이유는 무엇일까? 반대로 기온이 낮은 지역에서는 왜 짧고 두꺼운 팔다리를 가진 체형이 더 유리한 것일까? 그것은 열이 몸의 부피에 비례해 생산되고 표면적에 비례해 소실되는 원리 때문이다. 즉 팔다리가 길고 가느다랄수록 몸의 표면적은 커지고 부피는 작아지는 반면 팔다리가 짧고 굵을수록 몸의 표면적은 작아지고 부피는 커진다.

이 원리를 좀 더 단순하게 도형으로 이해해보자. 예를 들어, 정육면체 모양의 몸을 한 작은 개와 큰 고양이가 있다. 개의 몸은 한 변의 길이가 2센티미터이고, 고양이의 몸은 한 변의 길이가 4센티미터이다. 두 동물의 표면적 대 부피의 비율을 구해보면, 몸길이가 2센티미터인 개는 $3cm^{-1}$이고 몸길이가 4센티미터인 고양이는 $1.5cm^{-1}$이므로, 개가 고양이보다 표면적 대 부피의 비율이 두 배로 크다. 그러니까 몸집이 작은 개는 더위에 강하고, 몸집이 큰 고양이는 추위에 강한 것이다.

몸이 정육면체인 두 마리의 동물

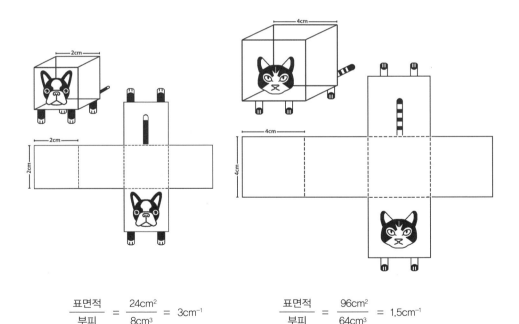

$$\frac{표면적}{부피} = \frac{24cm^2}{8cm^3} = 3cm^{-1}$$

$$\frac{표면적}{부피} = \frac{96cm^2}{64cm^3} = 1.5cm^{-1}$$

이제 부피는 같지만 몸의 형태가 다른 두 마리 포유동물을 상상해보자. 정육면체 모양의 몸을 한 짤따란 개와 직육면체 모양의 몸을 한 길쭉한 고양이가 있다. 부피는 64세제곱센티미터로 같지만, 표면적은 다르다. 표면

몸이 정육면체인 동물과 직육면체인 동물

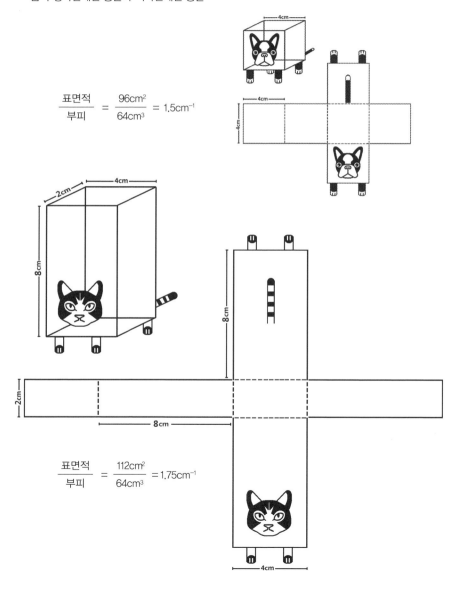

적의 경우, 정육면체는 96제곱센티미터(4센티미터×4센티미터×6)이고, 직육면체는 112제곱센티미터([2센티미터×8센티미터×2]+[4센티미터×8센티미터×2]+[2센티미터×4센티미터×2])이다. 부피가 같기 때문에 몸에서 생산되는 열의 양은 같지만, 직육면체의 고양이는 정육면체의 개보다 표면적이 훨씬 넓기 때문에 열을 더 빨리 방출한다. 따라서 더운 기후에서는 길쭉한 체형이 선호되고, 추운 지역에서는 땅딸막한 체형이 선호될 수밖에 없다.

초콜릿 복근을 가진 '몸짱'

요즘 우리는 누구나 몸짱을 동경한다. '몸짱'이 자신의 몸을 절제와 끈기로 멋지게 만들어낸 산물 그 자체에 비유된다면, 그에 대비되는 신조어 '몸꽝'은 그야말로 음식에 대한 탐욕과 게으름이 빚어낸 처참한 결과로 빗대어진다. 하지만 네안데르탈인의 사전에 몸꽝은 없다! 짧지만 다부진 골격을 가진 그들은 남다른 근육을 지녔다. 근육은 죽은 직후부터 바로 부패되어 사라지는데, 그걸 어떻게 아냐고? 닥터 본즈들은 뼈를 쓱 보면 알 수 있다.

뼈에 달라붙어 있는 근육은 우리가 움직일 때마다 수축하기도 하고 팽창하기도 하는데, 이러한 근육의 운동이 혼자서는 움직일 수 없는 뼈를 움직이도록 만든다. 근육은 힘줄을 통해서 뼈 표면에 달라붙어 있다. 우리가 자주 먹는 치킨을 한번 생각해보자. 닭다리에 붙어 있는 오동통한 살은 그 자체가 근육 덩어리이고, 다릿살 맨 아래에 투명하고 쫄깃한 고무줄처럼 생긴 부분은 뼈와 근육 덩어리를 이어주는 섬유성 결합조직인 힘줄이다. 뼈에는 이러한 근육 덩어리가 일생 동안 얼마나 자주 사용되었는지

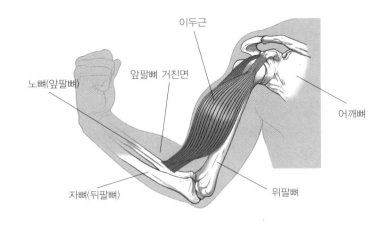

이두근이 어깨뼈와 위팔뼈를 거쳐 아래팔뼈 중 노뼈의 위쪽 면에 붙어 있는 모습.

를 알 수 있게 해주는 흔적이 남아 있다. 이 흔적을 근육 부착 부위muscle attachment site라고 부르며, 이 부위의 특징을 통해서 우리는 근육의 크기와 사용 정도를 알아낸다.

만약 역도로 세계를 제패한 장미란 선수의 위팔뼈를 만져볼 수 있는 영광스러운 기회가 생긴다면, 자신의 위팔뼈 표면에 달라붙어 있는 근육과 장미란 선수의 근육이 얼마나 다른지 알 수 있을 것이다. 근육 하나를 예로 들어보자. 어깨와 팔꿈치 사이의 위팔뼈에 달라붙은 이두근biceps brachii은 팔꿈치 아래에 있는 팔뼈 두 개(노뼈와 자뼈)를 구부리거나 손바닥이 위로 올라가도록 아래팔을 몸 바깥 방향으로 돌릴 때 쓰이는 근육이다.

이 근육은 어깨뼈에서는 두 갈래로 시작하지만 위팔뼈에서는 하나의 근육덩어리로 합쳐졌다가 아래팔뼈의 앞팔뼈 위쪽 면에 붙는다. 이두근이 붙는 아래팔뼈의 위쪽 면을 앞팔뼈 거친면radial tuberosity이라 하는데, 이면의 넓이가 클수록 이두근의 크기도 크다. 이렇게 근육이 붙어 있었던 자리의 크기를 통해 근육의 양을 추정할 수 있다. 또 그 자리의 근육을 많이 사용하게 되면 근육이 붙었던 자리도 변형되기 때문에 그 근육을 많이 사용했는지 아닌지를 알아낼 수 있다.

네안데르탈인이 우리보다 훨씬 강한 팔근육을 가졌던 건 분명해 보인다. 팔뼈뿐 아니라 손가락뼈 역시 우리보다 훨씬 굵고 큰 걸 보면 손근육도 강했던 것 같다. 요즘 일상에서는 팔과 손의 근육을 과도하게 쓸 일이 많지 않다. 컴퓨터 자판을 두드리거나, 글씨를 쓰거나, 운전을 하거나, 빨래를 털거나 너는 일 등은 모두 큰 힘을 들이지 않고도 할 수 있는 것들이다. 컴퓨터 앞에 앉아서 노상 마우스를 클릭하고 자판을 두드리는 일만 하다 보니 손목터널증후군이라는 요상한 신종 질병까지 생겼을 정도다.

반면에 네안데르탈인의 일상은 어땠을까? 추운 날씨에 고기라도 든든하게 먹어서 배를 채우려면 일단 있는 힘껏 창을 던져 동물을 잡아야 하는데, 단 한 번에 성공하기는 아마 어려웠을 것이다. 수차례 던지고 또 던져 한 마리를 잡았다 치자. 질질 끌고 가든 어깨에 들쳐 메고 가든 사냥한 동물을 주거지로 가져가야 하고, 음식물로 섭취하려면 복잡한 요리법은 아니더라도 최소한 가죽은 벗겨내야 한다. 가죽을 벗기려면 석기가 필요하고, 석기를 제작하기 위해서는 돌을 수십 번 내려쳐야 한다. 그렇게 완성된 석기로 가죽을 벗겨내는 작업도 만만치는 않았을 것이다. 이런 일들은 산업사회 속에서 살아가는 우리의 일상과 너무나도 극명한 대조를 이룬다. 따라서 네안데르탈인의 뼈와 우리의 뼈가 다르게 생긴 건 몹시 당연한 결과이다.

몸을 구성하는 뼈대 전체가 네안데르탈인은 우리보다 강건한데, 팔다리뼈도 예외는 아니다. 특히 네안데르탈인의 허벅지뼈는 활처럼 앞쪽으로 살짝 휘어져 있다. 이것은 허벅지뼈에 달라붙는 근육이 크고 강력했다는 사실을 의미한다. 활이 휘어지면서 더 많은 에너지를 저장해 화살을 더 빨리 과녁 방향으로 날리는 것처럼, 허벅지뼈 역시 마찬가지이다.

네안데르탈인은 자동차를 이용하여 한 지역에서 다른 지역으로 이동하는 우리와는 다른 삶을 살았다. 당연히 육체의 활동량이 오늘날의 우리보다 훨씬 많았다. 또 추위를 이겨내기 위해서는 많은 에너지가 필요했기 때문에 늘 먹잇감을 찾아 여기저기를 걷고 또 뛰어다녀야 했을 것이다. 그러한 삶의 흔적이 네안데르탈인의 뼈에 고스란히 남아 있어 그들의 뼈를 들여다보고 있노라면 그들의 숨 가쁜 삶이 느껴진다.

또 네안데르탈인의 사지뼈는 우리보다 너비가 넓고 뼈 자체의 두께도 더 굵다. 뼈의 두께는 앞에서 얘기한 앞팔뼈 거친면과 같은 근육이 닿은 면과 함께 근육 양을 추정할 수 있게 해준다. 왜냐면 뼈의 질량은 근육의 크기와 비례하기 때문이다. 뼈에 달라붙은 근육 덩어리가 크면 근육을 지지하는 뼈도 튼실해야 하는 건 당연지사이다. 그러니까 네안데르탈인은 우리보다 근육도 많고 뼈도 튼튼했다.

무릇 뼈란 쓰면 쓸수록 강해지는 법이라, 근육 운동을 빨리 시작한 사람일수록 뼈를 만드는 세포에 더 많은 자극이 가해져 뼈가 더 튼튼해진다. 따라서 팔뼈나 다리뼈의 가운데 부분을 잘라 그 단면을 살펴보면, 보디빌더의 뼈가 늘 사무실에 앉아서 일만 한 사람보다 훨씬 두껍다는 것을 알 수 있다.

즉 태어나면서부터 몸짱인 사람은 없듯이 네안데르탈인도 어릴 때부터 사냥을 하며 근육을 지속적으로 쓰다 보니 자연스레 몸짱이 된 것이다. 더욱이 항온동물은 추운 기후에서 살아남으려면 열을 생산하는 일에 몸의 에너지를 끊임없이 써야만 한다. 극지방에 사는 사람들의 기초대사량이 보통 사람들에 비해 15~25퍼센트 더 높은 이유가 바로 여기에 있다. 타지 않은 지방이 남으려야 남을 수 없는 환경인 것이다.

큰 바위 얼굴

이제까지 네안데르탈인의 체형에 대해서 얘기했으니 지금부터는 얼굴에 대해서 살펴보자. 앞서 네안데르탈인의 몸매가 오늘날 연예인들의 호리호리한 몸매와는 사뭇 다르다고 얘기했다. 그렇다면 얼굴은 어떨까? 한마디로 말하자면 네안데르탈인의 얼굴 역시 오늘날 우리가 이상적으로 추구하는 아름다움과는 상당히 거리가 멀다. 네안데르탈인의 아기는 우리 현생인류의 아기보다 훨씬 큰 얼굴을 가지고 태어난다. 주먹만 한 얼굴을 갖기 위해 온갖 성형을 다하는 요즘 시대의 기준으로 보자면 가히 저주받은 얼굴이라 할 만하다.

몸의 비율을 고려했을 때 네안데르탈인이 상당히 큰 얼굴을 가졌다는 데에는 이견이 없다. 그렇다면 몸의 다른 부분이 환경에 적응하며 살았던 결과인 것처럼, 얼굴 또한 가혹한 환경에서 살아남기 위한 적응의 산물인 걸까? 결론을 내리기 전에 그들의 얼굴뼈를 먼저 뜯어보기로 하자.

닥터 본즈들이 네안데르탈인의 얼굴뼈를 쓱 하고 봤을 때 드는 첫 느낌은 바로 그들이 '큰 바위 얼굴'이라는 것이다. 전체적으로 얼굴이 길고 광대뼈가 있는 볼 부분이 넓어서 얼굴이 크게 느껴진다. 네안데르탈인의 볼이 넓게 보이는 이유는 위턱과 코 옆 좌우의 공간, 즉 위턱굴(상악동上顎洞) maxillary sinuses이 상당히 크기 때문이다. 이 공간이 크면 광대뼈가 살짝 부풀려진 것처럼 보여서 얼굴이 넓어 보인다.

얼굴을 포함한 머리뼈에는 뼈 자체의 무게를 가볍게 하면서 고유의 기능을 갖는 빈 공간들이 이마, 눈과 눈 사이, 코 뒤에 숨어 있다. 코 옆 좌우에 있는 위턱굴도 바로 이런 공간들 중에 하나이다. 그럼 위턱굴은 얼굴에서 어떤 기능을 하는 걸까? 코는 우리 몸이 공기를 처음으로 받아들이는 대문이고 코 내부는 공기를 데우는 보일러와 같다. 여기에서 코 옆의 좌우 공간인 위턱굴이 크면 차갑고 건조한 공기가 점막 안에 머물면서 충분히 따뜻해지고 습해진 다음에 폐로 들어갈 수 있다. 따라서 지구가 엄청나게 추웠을 때 살았던 네안데르탈인에게 이 공간이 무슨 의미일지 짐작이 갈 것이다.

또 눈구멍 바로 아래에 있으며 광대뼈와 함께 뺨 일부를 구성하는 위턱뼈에는 혈관과 신경이 지나가는 구멍, 즉 눈확아래구멍(안와하공眼窩下孔) infraorbital foramen이 있는데, 네안데르탈인은 이 구멍도 꽤 크다. 이것은 이 구멍을 지나가는 혈액의 양이 많았음을 의미한다. 뺨에 많은 양의 피가 원활하게 잘 돌면 얼굴 동상을 예방할 수 있다. 하지만 네안데르탈인의 얼굴뼈에서 나타나는 이런 특징들이 추운 기후에 대한 적응이라는 해석에 이의를 제기하는 학자들도 있다.

그 이유는 다음과 같다. 첫째, 현대 극지방에 적응해 살아가는 사람들의 위턱뼈와 이마의 빈 공간들은 네안데르탈인보다 작다. 둘째, 쥐를 이용해 실험해봤더니 추운 조건에서 위턱굴이 커지는 방향으로 변화가 일어나지 않았다. 따라서 요즘은 네안데르탈인이 추운 기후에 적응하여 살면서 얼굴뼈에 변화가 일어났을 가능성과, 몸이 컸기 때문에 얼굴뼈의 다른 특징들도 그에 걸맞게 발달되었을 가능성이 함께 고려된다.

이러한 설명 말고 또 다른 설명도 있다. 네안데르탈인의 얼굴에서 보이는 여러 특징들이 한꺼번에 생겨난 거라고 보기는 어렵기 때문에 환경적으로 고립된 작은 집단에 우연히 나타난 변화가 축적되어 나타났다고 보는 입장이다. 이러한 현상을 점진적 축적모델accretion model 또는 유전자 표류genetic drift 현상이라고 한다.

빙하기의 유럽은 네안데르탈인 무리를 고립되도록 했는데, 고립된 환경은 유전자 표류라는 진화 과정이 일어나기에 아주 이상적이다. 즉 얼음덩어리, 산맥 등과 같은 자연 요소들이 하나의 장벽이 되어 고립된 집단 내에서는 그들만의 진화가 일어난다. 이러한 조건 속에서 말 그대로 특별한 이유 없이, 우연히 어떤 유전자가 고립되어 전체 집단의 유전자 풀gene pool 속에서 사라질 수도 있고 나타날 수도 있다.

이렇게 우연히 나타나기도 하고 사라지기도 하는 유전자에 의해 발현되는 특성들을 환경에 적응한 결과로 해석할 수는 없다. 시간이 흘러 세대가 거듭되면서 고립되었던 집단의 형질은 독특한 유전자 풀이 축적되어 다른 집단과 무척 다르게 보일 수 있다. 이 같은 유전자 표류 현상처럼, 네안데르탈인의 얼굴이 우리 눈에 상당히 독특하게 보이는 특징들 역시 우연한 기회에 하나씩 하나씩 쌓여서 생긴 결과일지 모른다.

앞에서 본 느낌이 큰 바위 얼굴이었다면, 옆에서 본 느낌도 크게 다르지는 않다. 역시 '머리 참 크네' 하는 느낌을 받게 된다. 특히 뒤통수 부분이 아주 인상적이다. 일명 '뒤통수 불룩이occipital bun'라는 부분인데, 말 그대로 뒷머리뼈 가운데 부분이 불룩하게 튀어나와 있다. 마치 머리뼈 안쪽에서 바깥으로 주먹을 날린 것처럼 뒤통수 한가운데가 불룩하다.

그런데 이러한 특징은 3만 년 전에 유럽지역에 거주했던 현대인에게서

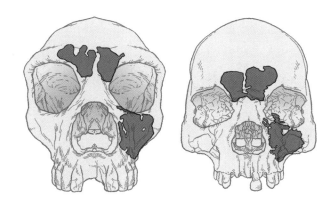

네안데르탈인(왼쪽)과 호모 사피엔스(오른쪽)의 얼굴 비교:
네안데르탈인은 이마와 위턱에 큰 이마굴과 위턱굴을 갖고 있다.

도 나타난다. 또한 위에서 봤을 때 앞뒤가 긴 장두형의 머리뼈를 갖는 오늘날 집단들, 예를 들면 스칸디나비아 일부 사람들, 남아프리카의 부시먼족, 오스트레일리아 원주민들은 네안데르탈인처럼 여전히 뒤통수가 불룩하다. 이러한 맥락에서 몇몇 연구자들은 뒷머리뼈에서 나타나는 이 특징이 바로 네안데르탈인이 초기 유럽인의 진화에 기여한 증거라고 주장하기도 한다.

그러나 네안데르탈인의 뒤통수 불룩이와 현대인의 뒤통수 불룩이가 서로 어떤 관련도 없이 각각 다른 이유 때문에 진화했을 것이라고 보는 입장도 있다. 하버드대학교 인류학과의 대니얼 리버먼Daniel Lieberman은 네안데르탈인의 뒤통수 불룩이가 머리뼈 앞쪽의 큰 얼굴과 균형을 맞추기 위해 진화한 속성이라고 주장한다. 즉 빠르게 걷거나 달리는 동안 크고 육중한 얼굴이 수평으로 잘 유지되기 위해서는 머리뼈의 뒷부분에도 이에 상응하는 구조가 있어야만 균형이 잘 유지될 수 있다는 설명이다.

그리고 오늘날 두상이 좁고 긴 사람들에게서 나타나는 뒤통수 불룩이

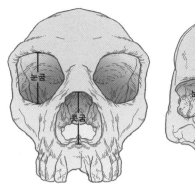
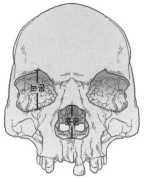

큰 눈굼과 콧굼을 가진 네안데르탈인(왼쪽).

는 큰 뇌 때문에 부가적으로 생겨난 특징일 수 있다. 한 가지 재밌는 건 네안데르탈인 때부터 나타나는 이러한 뒤통수 불룩이를 오늘날 우리나라 사람들이 상당히 부러워한다는 점이다. 아기가 태어나면 뒤통수가 납작하지 않고 일명 짱구 뒤통수가 되도록 노력하는 부모들을 보며 역시 유행은 돌고 도는구나 하는 생각을 하기도 한다. 네안데르탈인이 살았던 때를 생각해보면 유행의 주기가 좀 길긴 하지만.

왕눈이에 주먹코

큰 바위 얼굴 다음으로 눈에 들어오는 것은 큰 눈과 코이다. 눈과 코가 어떻게 남아 있냐고? 당연히 눈과 코는 사라지고 없지만, 얼굴뼈에서 눈과 코가 있었던 자리가 구멍으로 남아 있어서 크기와 모양을 짐작할 수 있다. 네안데르탈인의 눈구멍은 상당히 크다. 연구에 따르면 네안데르탈인의 눈구멍은 상하 폭이 우리보다 평균 6밀리미터 더 크다. 큰 눈도 그들에게 주어진 특정한 환경에 맞게 디자인된 적응의 산물이라고 봐야 할까?

네안데르탈인이 살았던 고위도 지역은 적도와 가까운 열대 지역에 비해 일조량이 절대적으로 적었다. 옥스퍼드대학교 연구진이 수행한 연구에 따르면 고위도에 사는 현대인은 저위도 지역에 비해 상대적으로 빛의 양의 적기 때문에 뇌 안의 시각과 관련된 부분이 더 발달하는 쪽으로 진화가 이루어졌다고 설명한다. 2013년 옥스퍼드대학교의 피어스Eiluned Pearce 연구진은 네안데르탈인과 호모 사피엔스의 머리뼈에서 눈굼eye orbits의 면적을 비교했다. 그 결과 네안데르탈인의 눈굼 면적은 1404제곱밀리미터로, 1223제곱밀리미터에 불과한 호모 사피엔스에 비해 훨씬 컸다. 이에 대해 피어스는 이러한 차이가 바로 뇌 구조의 차이를 반영한다고 설명했다.

네안데르탈인과 호모 사피엔스의 뇌 크기가 동일하다고 가정했을 때, 네안데르탈인의 뇌 조직은 시각에 관여하는 부분이 호모 사피엔스보다 더 많은 반면, 신경에 관여하는 부분의 영역은 더 적다. 우리 현대인의 뇌는 네안데르탈인보다 더 많은 신경조직을 인지활동 처리에 사용했던 것 같다. 이는 늘 변화무쌍하여 불안정했던 환경에서 다양한 문제들에 직면했을 때, 그러한 문제들을 슬기롭게 해결하며 살아가는 데에 큰 이점으로 작용했을 것이다.

또 네안데르탈인 눈 위에 눈썹이 달라붙는 부위의 모습도 우리와는 다르다. 네안데르탈인의 눈썹 부위는 마치 맥도날드의 로고처럼 생겼다. 거울 앞에 앉아 자신의 눈썹을 한번 들여다보시라. 눈썹이 붙어 있는 부위와 이마가 연결되는 부위를 거울로 보고 손으로도 만져보면 눈썹에서 이마로 연결되는 부위가 똑바로 서 거의 직각으로 이어져 있는 걸 느낄 수 있다.

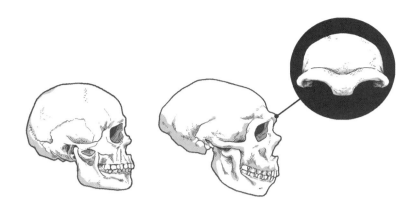

맥도날드 로고 모양의 네안데르탈인 눈위 둔덕.
왼쪽의 호모 사피엔스와 달리 양 눈썹 부위가 불룩 튀어나와 있다.

하지만 네안데르탈인의 눈썹과 이마는 좀 다르다. 양쪽 눈 바로 위의 눈썹 부분이 불룩 튀어나와 있고, 이마도 옆에서 봤을 때 곧장 위로 올라가지 않고 뒤쪽으로 좀 기울어 있는 모습이다. 양 눈썹 부위가 불룩 튀어나온 특징을 '눈위 둔덕supraorbital torus'이라고 하는데, 이런 모습은 비슷한 시기에 살았던 호모 에렉투스에게서도 나타난다.

하지만 호모 에렉투스는 불룩하게 튀어나온 양 눈썹 사이가 서로 이어져 있는 일명 '일자 눈썹'의 형태이고 네안데르탈인은 튀어나온 눈두덩이 서로 이어져 있지 않다. 이러한 형태가 어떤 기능과 연결되어 있는지를 밝혀내기는 쉽지 않다. 또 사실 모든 형태적 특징이 반드시 기능과 연결되어 있지도 않다.

대중강연을 하다 보면, "여기는 왜 이렇게 생긴 거죠? 이렇게 생긴 건 무슨 기능과 관련이 있나요?"라는 식의 질문을 받을 때가 종종 있는데, 사실 당황스럽기 그지없다. 왜냐면 나도 모른다! 모든 형태가 기능과 관련이 있다고 생각될지 모르겠지만, 사실 그렇지 않다. 기능과 연결된 부분이 분명 있지만, 다른 부분의 영향으로 비슷하게 발달하다 보니 덩달아 발달한 부분도 있고 우연히 그렇게 생겨난 특징들도 있다. 그러니 고인류의 형태 하나하나가 우리와 어떻게 다른지 비교하고 이러한 특징의 의미를 찾아내고자 하는 연구자들은 늘 가시밭길을 걷는 셈이다.

또 과도하게 상상하다 보면 형태적 특징과 기능을 연결시키려 하는 부지불식간의 스트레스로 인해 가끔은 엉뚱한 시나리오가 탄생하기도 한다. 너무나 재밌는 제목의 고인류 기사가 떠서 클릭해보면, 그럴 수도 이럴 수도 있다더라 하는 식의 이야기들이 많다. 사실 이들 대부분은 엉뚱한 시나리오로 탄생한 기사들이다. 네안데르탈인의 눈위 둔덕의 기능 역시 알려져 있지 않지만, 마치 눈두덩에 빌트인 된 선글라스처럼 태양빛으로부터 눈을 보호하기 위한 기능일지 모른다고 얘기하기도 하고, 누군가는 우연히 나타난 기능일 뿐이라고 말하기도 한다. 이 부분에 대해서는 좀 더 신뢰할 수 있는 연구가 나오기를 기대해본다.

이제 눈에서 코로 내려가보자. 네안데르탈인의 코는 가히 주먹코라 할만큼 크다. 앞에서 말했듯이 뺨도 부어오른 것처럼 크고, 코도 옆에서 보면 앞으로 상당히 돌출되어 있다. 그래서 얼굴을 삼등분으로 나누어보면 가운데 부분이 앞으로 많이 돌출되어 보인다. 옆에서 봤을 때 코를 중심으로 한 얼굴의 가운데 부분이 비교적 편평한 집단이 있는가 하면 네안데르탈인처럼 앞으로 튀어나온 집단도 있는데, 이러한 차이는 이 부위의 얼굴뼈 형태에서 나타나는 변이에 해당된다.

네안데르탈인의 머리를 어떤 방향에서 보더라도 큰 코는 단연 돋보인다. 호모 속에 속하는 종들을 모두 놓고 보아도 네안데르탈인의 코가 가장 크다. 코가 크려면 일단 코 길이가 길어야 하고 콧구멍도 넓고 커야 한다. 얼굴뼈에서 코 길이는 눈과 눈 사이 콧대가 옴폭 들어간 부분부터 양 콧구멍 사이의 뾰족하게 튀어나온 돌기까지의 거리nasospinale를 말한다. 코 길이의 시작점과 끝점은 코뼈를 덮고 있는 피부와 그 밑의 연골이 사라지면 더 명확하게 드러난다.

네안데르탈인의 코는 왜 이렇게 컸을까? 코가 큰 것이 그들의 삶에 유리하기라도 했을까? 다시 기후 얘기로 돌아가서, 그들이 살았던 기후는 춥기도 추웠지만 건조하기도 했다. 따라서 콧속으로 들어온 차갑고 건조한 공기를 온도에 민감한 폐와 뇌 조직에 전달하기에 앞서 따뜻하고 습하게 만들 수 있는 장치가 필요했을지 모른다.

머리뼈에는 여러 기관들이 제 기능을 하도록 하는 복잡한 구조들이 얽혀 있다. 눈과 코가 있는 자리는 물론, 귓구멍과 위턱뼈 역시 머리뼈와 연결되어 있고, 무수히 많은 혈관과 신경들이 지나가는 구멍들이 있다. 이 때문에 사람뼈대학(인골학人骨學) 수업을 비교적 단순한 팔다리뼈에서 시작하지 않고 머리뼈부터 시작하면 첫 주에 학생들이 우수수 떨어져 나가곤 한다. 머리뼈 각 부위의 이름과 그 부위를 식별할 수 있게 해주는 수많은 지표들이 빼곡히 적힌 유인물을 보고 나면 지레 겁먹고 수강을 포기하는 학생들이 있기 때문이다.

머리뼈에는 눈굼과 코뼈 뒤쪽에 입속과 콧속을 뇌와 가르는 종이처럼 얇은 뼈들이 있고, 입속과 콧속 가까이에는 뇌와 연결된 동맥이 있다. 이 구조들이 어떻게 연결되어 있는지는 차가운 음료수나 아이스크림을 한꺼번에 빨리 먹을 때를 생각해보면 쉽게 이해할 수 있다. 찬 음식을 빨리 먹을 때 일시적으로 머리가 띵하게 아팠던 경험이 다들 있었으리라.

좀 더 정확히 말하면 머리 앞쪽 또는 눈 뒤쪽이 짜르르하게 아픈 느낌이다. 차가운 음식물이 우리 입으로 들어오면 맨 처음 입천장을 자극하고, 그다음에 뇌와 연결된 동맥을 재빨리 수축시킨다. 이러한 반응은 동맥에 피가 갑자기 차오르게 하면서 우리에게 독특한 고통을 불러일으킨다. 이 현상을 뇌가 어는 느낌이라는 뜻으로 영어로는 'brain freeze'라고 한다. 이 현상은 우리 머리뼈가 입속과 콧속의 신경과 동맥들로 서로 연결되어 있기 때문에 나타난다.

이와 비슷한 현상을 경험하고 싶다면 추운 겨울날 100미터 달리기를 하면 된다. 차갑고 건조한 공기를 입으로 한꺼번에 들이마시면서 달리면 가슴이 금방 뻐근해진다. 이는 차갑고 건조한 공기가 몸속에서 데워지지 못하고 폐로 급하게 전달되면서 나타나는 현상이다. 이때 폐조직에 가해지는 자극이 기도를 수축하면서 가슴에 통증이 나타나고, 마치 천식 발작처럼 잠깐 동안 숨쉬기가 곤란해진다.

그러나 코로 숨을 쉬게 되면 이러한 고통이 훨씬 줄어든다. 코로 들어온 공기는 콧속의 작은 혈관들과 점막으로 인해 이내 따뜻해지고 촉촉해질 수 있다. 따라서 빙하기에 살았던 네안데르탈인에게 큰 코는 중요한 의미를 갖는다. 즉 코가 크다는 것은 콧속의 표면적도 크다는 뜻이므로 외부의 공기가 폐로 들어가기 전에 더 빨리 공기를 따뜻하고 습해지도록 만들수 있다.

그런데 이러한 설명 방식에는 모순되는 지점이 있다. 네안데르탈인의 코가 추운 기후에 대한 적응의 결과라면, 현재 극지방에 사는 사람들의 코도 네안데르탈인의 코와 비슷해야 하는데, 실제로는 그렇지 않기 때문이다. 오늘날 춥고 건조한 기후에 사는 사람들의 콧구멍은 넓지 않고 오히려

좁다. 네안데르탈인처럼 넓고 큰 콧구멍은 극지방 사람보다는 열대지방 사람에게서 흔히 관찰된다.

현대인을 대상으로 한 연구에서 코의 형태, 즉 코의 길이와 너비는 기후와 관련이 있긴 하지만 온도보다는 습도가 더 중요한 요소로 작용한다고 알려져 있다. 따라서 춥든 덥든 건조하면 길고 좁은 코 모양이 많고, 습한 열대우림 같은 기후에서는 상대적으로 넓은 코 모양이 흔한 것으로 보고된다. 따라서 현대인의 기준으로 보자면 길고 좁은 코가 네안데르탈인의 삶에 더 적합했던 것으로 해석될 수 있다.

네안데르탈인의 긴 코는 정말로 추운 기후에 대한 적응의 결과일까? 아니면 네안데르탈인의 조상이 유전자 표류를 경험하면서 진화한 형질일까? 코가 길어진 원인을 정확히는 알 수 없지만 그들의 긴 코가 추운 기후를 이겨내는 데에 상당히 유리한 형질이었던 것만은 확실하다.

네안데르탈인의 식단

'당신이 먹은 음식이 곧 당신이다'라는 말처럼 어떤 음식을 먹느냐 하는 문제는 우리 삶에서 매우 중요하다. 우리의 이웃 네안데르탈인은 주로 어떤 음식을 먹고 살았을까? 이 질문에 대한 답은 뼈의 겉모습만으로는 알아낼 수 없다. 어떤 음식을 주로 먹으며 살았는지를 알아내기 위해서는 뼈 속에 봉인된 화학적 암호를 풀어내야만 한다. 즉 뼈에 저장된 안정 동위원소의 구성을 분석하면, 어떤 음식물을 주로 섭취했는지를 알아낼 수 있다.

뼛속에 이런 은밀한 암호가 숨겨져 있다고? 이 암호를 해석하기 위해

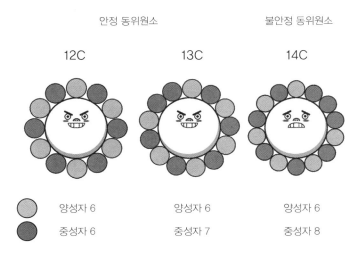

12C   13C   14C

양성자 6   양성자 6   양성자 6

중성자 6   중성자 7   중성자 8

탄소의 동위원소.

서는 먼저 약간의 화학 지식이 필요하다. 잠시만 원소 기호를 줄줄 외웠던 때로 돌아가 보자. 우리는 원소가 더 이상 다른 종류의 물질로 분해되지 않는, 물질을 이루는 기본 성분이라는 사실을 이미 배운 바 있다. 더불어 자연계에 존재하는 이러한 원소는 하나 또는 둘 이상의 안정 동위원소가 일정한 비율로 존재하는 혼합물이라는 사실도.

그럼 안정 동위원소란 대체 뭘까? 비교적 자주 들어본 방사성 동위원소와 대비되는 개념이라고 생각하면 된다. 안정 동위원소는 방사선을 방출하여 시간이 지나면서 붕괴되는 방사성 동위원소와는 달리, 방사선을 방출하지 않아 붕괴되지 않는 안정한 상태의 동위원소를 말한다. 예를 들면 모든 유기체를 구성하는 성분 중 하나인 탄소는 세 종류의 동위원소, 즉 12C, 13C, 14C를 갖는다. 이들 중 12C와 13C는 안정 동위원소이기 때문에 파괴되지 않는 데에 반해, 14C는 방사성 동위원소이기 때문에 자동적으로 14N으로 변하거나 붕괴된다.

이러한 안정 동위원소의 성질을 이용해 무엇을 먹고 살았는지에 대한 기록이 전혀 없는 아득히 먼 과거에 살았던 동물 집단들의 식단을 쉽게 알아낼 수가 있다. 이제 안정 동위원소의 성질을 알았으니 이 원소가 뼈에 어떻게 저장되어 있는지에 대해서 좀 더 살펴보도록 하자.

뼈는 무기질과 유기질로 구성되어 있고, 유기질은 주로 콜라겐이라는 단백질로 이루어져 있어서 뼈에 약간의 탄성을 부여하게 된다. 뼈에 탄성이라니, 뼈가 부드럽게 휘어지기라도 한단 말인가? 부드럽게 휘어지는 정도까지는 아니지만, 그렇다고 뼈가 딱딱하다고만 생각하면 큰 오산이다. 뼈가 딱딱하기만 했다면 권투 선수나 격투기 선수들의 뼈는 그야말로 죄다 부러져 남아나지 않았을 것이다.

이처럼 적절한 탄성을 지닌 유기물이 약 3분의 1 정도 뼈를 채우고, 나머지 3분의 2 정도는 주로 칼슘과 인산염으로 이루어진 수산화인회석이라는 무기질이 뼈를 단단하게 한다. 적절한 탄성과 강도를 유지하는 물질이라니, 이 얼마나 오묘한 조합의 결정체인가? 또 유기질과 무기질은 섭취한 음식에서 각각 다른 종류의 안정 동위원소를 저장한다. 즉 무기질은 먹거리에서 탄소 동위원소를 저장하고, 유기질은 먹거리에 들어 있는 단백질에서 탄소와 질소 동위원소를 저장한다.

뼈에 남겨진 안정 동위원소의 구성을 파악하려면 일정량의 뼈 부위를 불가피하게 파괴해야 한다. 닥터 본즈로서 뼈를 파괴해야 하는 분석이 사실상 그리 달갑지는 않다. 하지만 어떤 부위인지 가늠할 수 없을 정도로 심하게 조각난 상태의 뼈는 그저 바라만 봐서는 얻어낼 수 있는 정보가 거의 없다. 따라서 이런 경우는 파괴 분석을 통해 훨씬 더 의미 있는 정보를 얻어낼 수 있다.

　네안데르탈인의 뼈 시료를 이용해 안정 동위원소를 분석한 결과는 네안데르탈인이 늑대나 사자처럼 먹이사슬의 최상위 포식자로 군림했다는 사실을 밝혀주었다. 즉 네안데르탈인의 뼈에 남아 있는 화학적 암호는 육식동물의 뼈에 남겨진 암호와 일치하기 때문에 네안데르탈인이 육식동물과 같은 식단을 영위했다고 할 수 있다. 이러한 결론은 여러 원소의 안정 동위원소 중에서도 질소 값으로 뒷받침되는데, 먹이사슬의 꼭대기로 올라갈수록 질소 값이 더 높게 나타나기 때문이다. 즉 육식동물의 뼈에는 초식동물의 뼈보다 질소가 더 많이 들어 있다.

　안정 동위원소 분석 말고도 네안데르탈인의 유적지에서 발견된 동물의 뼈 또한 네안데르탈인이 많은 동물들을 사냥하며 살았다는 사실을 말해준다. 2001년 미시간대학교의 존 스퍼스John Speth와 예루살렘 히브리대학교의 에이탄 체르노프Eitan Tchernov는 이스라엘 케바라Kebara 유적에 남겨진 동물 뼈들을 분석하였다. 그 결과 대부분이 가젤과 사슴의 뼈라는 사실을 알아냈다. 이 외에도 네안데르탈인은 염소와 양, 말과 들소, 야생 멧돼지, 오록스와 같은 다양한 동물들을 사냥했다. 고기의 종류가 참 다양하기도 하다! 그에 비하면 우리는 소와 돼지, 닭만 미친 듯이 먹어대니 종류 면에서는 네안데르탈인을 따라갈 수 없을 것 같다.

　네안데르탈인이 이처럼 다양한 고기를 육식동물이 먹어대는 수준만큼 섭취하기 위해서는 그야말로 사냥하는 데에 많은 에너지를 쓸 수밖에 없었을 것이다. 이와 관련해, 네안데르탈인의 고기 편식이 후에 호모 사피엔스와 경쟁하여 그들이 지속적으로 생존하고 더 널리 퍼지는 데에 방해요소가 되었을 것이라는 견해도 있다. 왜냐하면 아프리카에서 나온 해부학적 현대인은 다양한 먹거리 자원을 식료로 활용해 좀 더 폭넓은 생태적 환경에 적응해 살아남았기 때문이다. 우리의 호모 사피엔스 조상들은 네안데르탈인처럼 육지 포유동물을 잡아먹기도 했지만, 물고기도 잡아먹고 다양한 종류의 식물들도 식단에 넣었다.

하지만 네안데르탈인은 수만 년 동안 고기 위주의 식단을 고수했다. 2002년 뉴욕주립대학교의 시어도어 스티그만Theodore Steegmann 등이 수행한 연구에 따르면, 네안데르탈인 남성의 경우 오늘날 하루 권장 칼로리를 훨씬 넘는 3400~4500킬로칼로리 정도를 섭취했을 거라고 한다. 이들은 극지방 근처에 살고 있는 오늘날 인구 집단을 관찰한 민족지적 기록을 참고하고, 네안데르탈인이 살았던 시기의 기후와 그들의 형태적 특성, 수렵 활동을 종합적으로 고려하였다.

네안데르탈인이 살았던 추운 기후, 그 가혹한 환경에서 살아남으려면 높은 열량의 에너지원이 필수적이다. 따라서 육식이야말로 네안데르탈인에게는 최적의 식단이었을 것이다. 하지만 그렇다고 네안데르탈인이 채식을 전혀 하지 않은 것은 아니다. 음식물의 잔여 성분이 치아에 붙어서 석회화된 치석과 석기에 남아 있는 미세 잔존물을 분석한 결과를 보면, 네안데르탈인이 때때로 녹말이 많이 함유된 대추야자, 풀씨, 야생 밀이나 보리류 같은 식물들도 먹었음을 알 수 있다. 또 이탈리아와 프랑스, 지브롤터에서 나온 네안데르탈인의 뼈를 분석한 결과는 그들이 해양 포유류, 토끼, 연체동물 들을 잡아먹었다고 말해준다. 따라서 육식 위주의 식단을 고수하긴 했지만 어쩔 수 없을 때에는 식단을 바꾸기도 했던 것 같다.

한편 네안데르탈인이 육식에 집중했던 이유를 이해할 수 있게 하는 또다른 연구가 듀크대학교의 생물인류학자 스티븐 처칠Steven Churchill에 의해 이루어졌다. 그는 2006년에 네안데르탈인의 에너지 요구량을 계산해내는 재미있는 연구를 발표하였다. 그는 네안데르탈인의 키를 남성은 166센티미터, 여성은 158센티미터, 피부 표면적은 2제곱미터, 몸무게는 극지방 사람보다 약 11~13퍼센트 정도 많다고 가정한 상태에서 네안데르탈인이 어느 정도의 에너지를 써야 했을지를 계산했다.

이 외에 신체활동, 그들이 살았던 기후 등의 생활 조건과 관련된 변수들도 함께 고려하였다. 즉 규칙적으로 육식을 하기 위해서는 정기적으로 사냥을 해야 하기 때문에 활동량이 많았을 것이고, 한파에 견딜 수 있는 든든한 방한복이나 난방기구 없이 추운 날씨에 체온을 유지하기 위해서는 열을 더 많이 생산해야 했을 테니 현대인보다 약 25퍼센트 더 많은 기초대사량이 필요했을 것으로 추정하였다.

이러한 변수들을 고려하여, 처칠은 네안데르탈인 남성은 하루에 4500킬로칼로리, 여성은 4000킬로칼로리의 에너지가 필요했다고 보았다. 이 정도의 칼로리를 얻으려면 남성의 경우 하루에 순록 2킬로그램 정도는 먹어야 한다는 결론이 나온다. 오늘날 기준으로 치자면 1인분이 200그램 정도니까 대략 10인분에 해당하는 양이다. 아무리 삼겹살이 좋고 꽃등심이 좋아도 이 정도 양을 매일 먹어야 한다면 정말 고역일 것 같다.

처칠은 이와 유사한 연구를 동료 앤드루 프뢰흘Andrew W. Froehle과 함께 2009년에 다시 수행했다. 네안데르탈인과 호모 사피엔스의 몸무게, 그들의 뼈가 출토된 지역의 평균 기온을 고려하여 기초대사량을 추정한 후에 신체 활동량을 감안하여 매일의 에너지 요구량을 계산했다. 그 결과는 다음과 같았다.

네안데르탈인과 해부학적 현대인의 기후별 에너지 요구량

기후	네안데르탈인		해부학적 현대인	
	남성	여성	남성	여성
추운 지역	4,469~4,877	3,180~3,190	4,069~4,755	2,972~3,320
더운 지역	3,227~3,527	2,297~2,547	2,696~3,710	2,184~2,323

(단위: Kcal)

요즘처럼 먹을 게 풍족한 환경에 사는 우리에게 하루 3000~4000킬로 칼로리를 채우는 일은 그다지 어려운 일이 아니다. 맘만 먹으면 한 끼로도 그 정도의 열량은 충분히 채울 수 있으니 말이다. 하지만 살아 움직이는 동물을 사냥하고 사냥에 실패했을 경우 열매나 풀씨 따위를 채집해 먹어야 하는 환경에서는 다르다. 아마 매일 필요한 칼로리를 채우기 위해 거의 하루 종일 뛰어다녀야 했을 것이다.

결과적으로 플라이스토세의 급변하는 환경 속에서 네안데르탈인은 그들의 육중한 몸을 유지하는 데에 드는 많은 에너지를 충분히 채우지 못했을 가능성이 높다. 반면에 네안데르탈인보다 훨씬 다양한 식단을 꾸리고 옷도 만들어 입으며 추위에 다양한 방법으로 적응할 수 있었던 호모 사피엔스의 조상들은 네안데르탈인과의 경쟁에서 우위를 차지하기에 충분한 존재였으리라.

네안데르탈인은 식인종?

식인 행위는 어느 집단이나 어느 사회에서든지 상당히 민감한 주제이다. 때로 식인 행위는 주로 소시오패스 또는 소름 끼치도록 잔인한 살인마와 연관되기도 한다. 정신장애를 앓던 살인마가 사람을 죽여 시신을 해체하고 그 일부를 먹는다는 설정은 그리 낯설지 않다. 그런데 어쩌다가 이러한 식인 행위가 네안데르탈인의 연관 검색어가 되었을까?

사실 식인 행위는 인류 역사를 통틀어 많은 사회에서 의례의 일부로 존재해왔다. 예를 들면, 파푸아뉴기니의 고산지대에 사는 포레Fore족은 장례 의식의 일부로서 사랑하는 사람이 죽으면 시신의 일부를 먹는 풍습을 가지고 있었다. 그러다가 1960년대에 이로 인한 쿠루 역병 때문에 식인 행위가 금기시되면서 식인 풍습의 전통이 완전히 사라지게 되었다.

쿠루는 광우병과 유사하며 매우 전염력이 강한 질병으로, 병원균에 오염된 뇌 조직을 먹거나 만지는 행위를 통해 감염이 일어난다고 알려져 있다. 전염된 단백질이 뇌 조직에 축적되면 온몸이 떨리고 몸을 제대로 가누지 못하며 두통에 시달리다가 결국 사망에 이른다. 만약 쿠루 역병이 아니었다면, 아마 포레족 사람들은 여전히 장례를 치르며 식인을 하는 전통을 유지했을 것이다.

한편 식인 행위는 영화에서나 보던 것처럼 사고로 조난당한 사람들이 오랫동안 굶주림을 견디다 못해 일어나기도 한다. 실제로 1972년 우루과이 럭비팀 선수들을 태우고 가던 비행기가 눈 덮인 안데스 산맥에서 추락했는데, 생존한 사람들이 구조될 때까지 몇 달 동안 죽은 동료의 인육을 먹고 살아남기도 했다. 이와 마찬가지로 네안데르탈인 역시 생존을 위한 처절한 선택으로 식인 행위를 했던 게 아닌가 싶다.

2006년 스페인 국립자연과학박물관의 고인류학자 안토니오 로자스Antonio Rosas와 연구진은 4만 3000년 전 스페인 엘시드론El Sidrón 유적에서 발굴된 네안데르탈인의 뼈에서 식인과 관련된 결정적 증거를 찾아냈다. 엘시드론에서 발견된 네안데르탈인의 팔다리뼈에는 시신을 해체하는 과정에서 발생한 것으로 보이는 잘린 흔적과 어린아이 머리뼈에서 가죽을 벗겨내고 뇌와 골수를 얻기 위해 구멍을 낸 타격 흔적이 확인되었다.

이 대목에서 '이런 흔적이 있다고 반드시 식인 행위라고 할 수 있나?' 라는 의구심이 들지도 모르겠다. 왜냐하면 갯과동물들도 뼛속의 골수를 먹기 위해 팔다리의 끝 쪽을 이빨로 깨뜨리기 때문이다. 하지만 동물의 이빨이 남긴 흔적과 석기를 사용해서 생긴 흔적은 쉽게 구분할 수 있다. 또 이 유적에서 나온 네안데르탈인의 치아에서 유아기의 영양 부족과 질병으로 인해 발생하는 에나멜형성부전증이 확인되기도 하였다. 이러한 맥락에서 연구자들은 우루과이 럭비팀 선수들처럼 굶주림에 지친 네안데르탈인이 생존을 위해 동료의 살을 먹는 식인 행위를 선택한 것으로 결론을 내렸다.

식인 행위에 대한 또 다른 증거는 프랑스의 물라-게르시Moula-Guercy 유적에서 발견되었다. 네안데르탈인은 10만 년 전 이 동굴에서 청소년으로 추정되는 두 개체의 머리뼈에서 얼굴 근육을 잘라내고 그중 한 개체에서는 혀도 잘라냈으며, 어른 개체의 허벅지뼈를 깨뜨려 다른 동물의 뼈와 함께 내다버리는 행동을 했던 것 같다. 총 여섯 개체에 해당하는 많은 뼈들이 아마도 뇌와 골수를 얻기 위해 박살난 것처럼 보였다. 헉, 살을 먹는 것도 아니고 뇌와 골수라니 너무 엽기적으로 생각될지 모르겠다.

하지만 뇌와 골수는 지방 함량이 높아서 영양이 매우 풍부하다. 지방은 우리 모두가 알다시피 매우 훌륭한 칼로리 공급원이다. 특히 추운 기후에 살아 칼로리가 높은 먹거리가 늘 필요했던 네안데르탈인이라면? 네안데르탈인의 뼈가 깨어진 패턴과 거기에 남겨진 연모 흔적은 우리가 줄곧 잡아먹었던 사슴뼈에서 보아온 흔적들과 매우 유사했다. 즉 네안데르탈인도 다른 동물들처럼 도살되며 동일한 방식으로 처리되고 버려졌던 것이다.

2016년 『네이처』에 실린 한 편의 논문은 네안데르탈인의 이런 식인 행위를 여지없이 보여준다. 벨기에의 고예Goyet 제3동굴에서 발견된 네안데르탈인은 4만 5000~4만 년 전에 살았던 것으로 추정되는데, 뼈 99점에서 뼈를 발라내고 살을 제거하기 위해 잘라낸 흔적들이 분명하게 확인되었기 때문이다. 이 동굴에서 네안데르탈인은 사슴이나 말을 잡아서 도살할 때와 동일한 방식으로 그들의 동료를 적어도 다섯이나 처리하였다. 또 동물 뼈와 뿔을 다듬어 연모로 사용한 것처럼, 그들은 식인 후에 허벅지뼈와 정강이뼈를 연모로 사용하기 위해 석기로 다듬었다.

그동안 논란의 여지가 많았던 네안데르탈인의 식인 행위가 언론을 통해 '충격적'이고 '소름끼치는' 소식으로 대중에게 전해졌다. 하지만 이런 이야기만으로 네안데르탈인을 야만적이라고 할 수는 없을 것 같다. 그들은 또한 죽은 이를 고의적으로 매장하고, 망자를 위해 무덤 주변에 꽃을 놓으며, 병든 사람을 치료할 줄 아는 인간만의 자질도 가지고 있었다.

프랑스 남부에 위치한 라샤펠오생, 르무스티에, 라페라시와 같은 유적에서 나온 네안데르탈인은 모두 고의적으로 매장된 사례들이다. 여전히 논란의 여지는 있지만 이러한 행위가 단순히 시신을 먹는 동물로부터 망자를 보호하기 위한 것만은 아니었던 것 같다. 일상적으로 사용되었다고 하기엔 너무나 멋들어지게 만들어진 석기들이 무덤 속 망자와 함께 묻혀 있는 경우도 있기 때문이다. 우리가 사는 세상에 살벌한 사건이 일어나는가 하면 온정이 넘치는 미담도 들려오는 것처럼, 네안데르탈인의 세상에도 폭넓은 이야기들이 담겨 있었을 뿐이다.

고단했던 삶의 흔적들

예나 지금이나 산다는 건 늘 고단한 일의 연속이다. 옛날은 옛날대로 먹고 사는 일이 힘들었고 요즘은 또 요즘대로 다양한 스트레스 속에서 살아내는 일이 힘겹다. 다만 우리에게는 늘 지금 우리가 사는 시절이 가장 힘든 때인 것만 같다. 그런데 사는 게 얼마나 힘들었는지를 뼈로 알 수 있을까? 고인류학자들은 네안데르탈인이 상당히 고단하게 살았다고 말한다. 네안데르탈인은 현재 뼈만 남아 있는데, 그들의 삶이 힘들었는지 아닌지를 어떻게 알 수 있을까? 힘들고 고단하게 산 사람들의 뼈가 요즘 흔히들 말하는 '금수저' 물고 태어나 편하게 사는 사람들과 다르기라도 하단 말인가? 결론부터 말하자면 다르다!

미국의 16대 대통령 에이브러햄 링컨은 나이 마흔이 되면 자기 얼굴에 책임을 져야 한다고 말했지만, 닥터 본즈는 그 나이가 되면 자기 뼈에 대해서도 책임을 져야 한다고 말한다. 얼굴이든 뼈든 태어나면서부터 타고난 조건이란 게 있긴 하지만, 마흔 정도가 되면 어떻게 살아왔는지에 따라서 얼굴도 뼈도 삶의 굴곡을 반영하게 마련이다. 닥터 본즈들은 이처럼 뼈에 남겨진 삶의 굴곡들, 특히 외상을 입거나 질병에 걸린 흔적들을 이용해서 옛사람들의 삶을 평가하기도 한다.

네안데르탈인의 삶이 고단했다고 평가하는 데에 결정적인 단서를 제공하는 것은 바로 고병리학적 지표들이다. 고병리학은 옛사람의 뼈나 미라의 연부조직에 남아 있는 질병의 양상이나 영양과 건강 상태를 반영하는 흔적들을 분석하여 옛사람들이 어떤 삶을 살았는지 평가하는 학문을 말한다. 뼈에는 외상, 질병의 만성적 상태나 특정 영양소 부족 또는 전염병으로 인한 흔적, 장기적 영양 결핍 상태를 반영하는 흔적들이 영구적으로 남는다. 물론 모든 질병이 뼈에 흔적을 남기는 것은 아니다. 우리가 쉽게 걸리는 감기처럼 비교적 금방 낫는 질병은 뼈에 흔적이 남지 않는다. 또 사람을 며칠 내로 사망에 이르게 하는 치명적인 바이러스 또한 뼈에 흔적을 남길 수 없다.

대개 암과 같은 만성 질환, 결핵이나 매독과 같은 특정 전염병, 장기간의 영양 부족, 세균 감염, 빈혈과 같은 대사성 질환, 유전적 기형 등이 뼈에 흔적을 남기는 주된 사례이다. 따라서 이들에 의한 흔적이 뼈에서 확인되면, 환자의 증상으로 질병을 진단하는 의사들처럼, 닥터 본즈들 역시 뼈에 남은 흔적으로 뼈의 주인공이 어떤 질병에 걸렸는지를 판단한다. 그렇다면 네안데르탈인의 뼈에는 어떤 흔적들이 주로 남아 있어서 그들의 삶이 고단했다고 하는 걸까?

치아는 뼈 조직 중에서 가장 단단하기 때문에 가장 오랫동안 남는다. 또 치아가 만들어지고 자라날 때 잘 먹지 못하고 병에 걸려서 오랫동안 아프면 치아가 정상적으로 형성되거나 발달하지 못한다. 그 결과로 치아의 맨 바깥 조직인 에나멜에 지워지지 않는 흔적이 남는데, 대개 가로로 홈이 파이거나 줄이 생긴다. 이 흔적을 고병리학자들은 에나멜형성부전증 또는 에나멜저형성증이라고 부른다. 요즘 아이들에게서는 찾아보려야 찾아볼

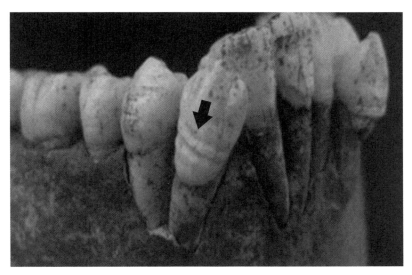

에나멜형성부전증을 보이는 치아. 조선 중후기의 분묘 유적인 서울 은평유적에서
출토된 인골의 아래턱 송곳니에서 에나멜형성부전증이 뚜렷하게 보인다.

수 없는 흔적이지만, 조선시대 사람 뼈에서는 흔하게 확인된다. 에나멜 조
직은 한번 형성되고 나면 다시 재생되지 않기 때문에 에나멜 조직에 생긴
결함은 성장기의 건강 상태를 반영하는 영구적인 기록으로 해석된다.

늘 죽은 사람의 뼈만 들여다보지만 치아는 살아 있는 사람에게서도 관
찰할 수 있기 때문에, 나는 만나는 사람들의 치아를 자주 들여다본다. 그
러다보면 에나멜형성부전증과 같은 지표를 발견하는 일은 없지만 유난히
특이하게 생긴 치아나 꼭 있어야 할 자리에 치아 하나가 없는 경우를 발견
하기도 한다. 그런데 만약 네안데르탈인 아이들의 치아를 볼 기회가 생긴
다면 아마도 에나멜형성부전증이 쉽게 눈에 띄었을 것 같다. 에나멜형성
부전증은 네안데르탈인의 아이들에게서 아주 흔하게 나타나기 때문이다.

특히 크로아티아의 크라피나Krapina 유적에서 발굴된 네안데르탈인의

경우 대부분이 에나멜에 결함이 있었다. 크라피나 유적의 35개체 네안데르탈인 중에 무려 30개체에서 이러한 치아 결함이 발견되었다. 이것은 네안데르탈인 아이들이 자라나면서 에나멜의 형성과 발달을 방해하는 심각한 육체적 스트레스를 경험했다는 사실을 의미한다.

크라피나의 네안데르탈인은 13만~10만 년 전까지 그곳에서 거주했으며, 극단적으로 추웠던 빙하기는 아니지만 춥고 건조한 기후와 따뜻한 기후가 짧은 주기로 반복되는 시기에 살았다. 기후가 주기적으로 바뀌면 환경 역시 불안정하고, 이러한 환경에서는 먹잇감을 안정적으로 구하기 어렵다. 따라서 기후가 계속 변하는 환경에서는 만성적 영양 부족을 경험할 가능성이 더 높고, 이러한 경험은 치아에 영구적으로 기록된다. 특히 유아와 아동들은 면역체계가 아직 불완전하고, 성장과 발달을 위해 에너지도 많이 필요로 하기 때문에 외부 요인의 스트레스에 가장 취약하다.

약 4만 3000년 전 스페인의 엘시드론 유적에서 발굴된 네안데르탈인 8개체에서도 유아기와 젊은 성인들의 뼈에서 에나멜형성부전증이 확인되었다. 고대 사회의 사람들에게서도 에나멜형성부전증이 발견되곤 하는데, 아기일 때 영양이 풍부한 모유를 먹다가 6개월 무렵부터 탄수화물의 비중은 높고 단백질, 지방, 미량 영양소 들의 함량이 낮은 이유식을 먹게 되면 생리적 스트레스가 많이 발생하여 주로 나타난다. 따라서 이러한 고난이 네안데르탈인에게만 닥친 건 분명 아니다.

세계 수많은 선사집단을 대상으로 에나멜에 생기는 결함을 조사한 연구에 따르면, 네안데르탈인의 에나멜형성부전증 유병률의 수준은 전체 집단들 사이 어딘가에 위치한다. 선사시대 미국의 그레이트 베이슨Great Basin에서 살았던 집단은 크라피나의 네안데르탈인만큼이나 에나멜형성부전증의 유병률이 높았다. 이에 대해 고고학자들은 광대한 분지인 그레이트 베이슨 사람들이 한 곳에 머물러 살지 않고 자주 이동하면서 계절에 따라 상당한 기근을 경험했기 때문이라고 해석한다.

또 크라피나 네안데르탈인의 에나멜 결함은 매우 높은 수준의 스트레스를 경험한 것으로 알려져 있는 북미 미시시피 농경민 집단과도 유사한 패턴을 보인다. 한편 조지아Georgia(그루지야)의 흑해 연안에 거주했던 농경 이전의 채집민 집단과 이후 농경민 집단의 경우는 크라피나 사람들보다 에나멜 결함이 훨씬 더 많았다. 선사시대 조지아 사람들의 뼈에서는 감염과 염증, 철 부족에 따른 빈혈의 흔적들이 빈번하게 확인되는 것으로 보아 크라피나 사람들보다 훨씬 더 스트레스가 심했던 것 같다.

이렇게 다른 시기와 다른 환경에서 살았던 사람들을 비교함으로써 우리는 네안데르탈인의 몸과 외부 스트레스에 반응하는 방식이 우리와 다르지 않다는 사실을 알게 된다. 우리를 괴롭힌 스트레스가 똑같은 방식으로 네안데르탈인의 삶에도 관여했던 것이다. 10만 년 이상을 지구상에 존재하면서 그들 또한 우리처럼 때때로 고난을 겪으며 살아갔으리라.

치아에 나타난 에나멜형성부전증에서도 알 수 있듯이 네안데르탈인은 영양실조에도 시달렸던 것 같다. 극단적으로 육식을 섭취하였으니 비타민 결핍증처럼 특정 성분의 영양소가 부족할 때 나타나는 질병이 발생하는 건 당연한 결과일 것이다. 비타민 중에서도 A, B, C, E가 부족하면 우리 몸에 치명적인 결과가 초래될 수 있다. 즉 비타민 A가 부족하면 눈과 피부, 위장의 기능이 떨어지고 비타민 B가 부족하면 설사에 시달리거나 정신질환에 걸릴 수 있다. 또 비타민 C가 부족하면 괴혈병이 올 수 있고, 치아가 빠지거나 혈관이 파열되고 전체적으로 몸이 약해져 심하면 사망에 이를 수도 있다.

또 네안데르탈인의 뼈에는 머리와 목, 팔과 다리 등 부러지지 않은 부분이 없을 정도로 골절이 많다. 살다 보면 이층 침대에서 떨어져 팔뼈에 금이 갈 수도 있고 교통사고로 뼈가 부러질 수도 있으니, 골절은 오늘날 우리 삶에서도 비교적 흔하게 일어난다. 하지만 네안데르탈인의 뼈에 골절을 남긴 주범은 우리 일상에서 발생하는 골절과는 그 성격이 좀 다르다.

네안데르탈인의 몸에 남은 골절의 흔적은 마치 오늘날 로데오 선수들이 경기 중에 입는 부상과 매우 비슷하다. 길들지 않은 말이나 소를 타고 버티거나 굴복시키는 로데오 선수들의 부상과 비슷하다니, 네안데르탈인이 로데오 선수들처럼 야생마나 거친 소를 타고 묘기라도 부렸단 말인가? 물론 그렇진 않았다! 네안데르탈인의 뼈에 골절을 남긴 주범은 바로 그들이 사냥을 위해 쫓던 동물들이었으니까.

네안데르탈인은 1~2미터 정도 되는 길이의 긴 창을 휘둘러 코뿔소, 곰, 털코뿔소, 털매머드를 잡았다. 독일 레링겐Lehringen 유적에서는 코끼리의 갈비뼈와 네안데르탈인이 던진 나무로 된 창이 발견되었고, 시리아의 움 엘 트렐Um el Tlel 유적에서 나온 말의 목등뼈에는 네안데르탈인의 찌르개가 박혀 있었다. 하지만 이렇게 무시무시한 동물을 사냥한다는 것이 쉬운 일이었을 리 만무하다. 호모 사피엔스처럼 화살 사냥을 했으면 좋았겠지만 불행히도 네안데르탈인의 문화에서 아직까지 활과 화살은 발견되지 않았다. 더군다나 네안데르탈인의 창은 무겁고 컸기 때문에 최대한 목표물 가까이까지 접근해서 여러 번 찔러야만 사냥에 성공할 수 있었을 것이다. 가젤과 같은 초식동물도 사냥감이 되긴 했지만, 이런 동물들이라고 해도 두발로 걷는 포획자가 창을 던지며 사투를 벌일 때 위험하긴 마찬가지였다.

이렇게 동물들과 대치하는 과정에서 네안데르탈인은 머리나 얼굴을 차이고 팔이나 다리가 부러지는 골절을 입기 십상이었다. 때로는 사냥을 나갔다가 죽거나 부상을 당했지만 회복한 사람은 살아남기도 했다. 이런 경우를 가장 잘 보여주는 사례는 이라크 샤니다르Shanidar 동굴에서 발굴된 네안데르탈인 뼈들이다. 3만 년이라는 시간이 연속적으로 이어지는 각기 다른 층위에 매장된 네안데르탈인 7개체 중 6개체에서 외상의 흔적이 확인되었기 때문이다.

네안데르탈인의 뼈에는 그들이 어떻게 사냥했으며, 사냥을 하는 동안 어떤 사건이 발생했는지가 기록되어 있다. 부상의 대부분은 뼈에 흔적을 남겼고, 이를 통해 우리는 부상의 상태를 짐작할 수 있다. 또 때때로 온전

네안데르탈인의 사냥.

히 치유되지 않는 경우도 있었고, 골절이 일어난 주변부에 새로운 뼈 조직이 생겨 뼈들이 부러지기 전과는 다르게 엉겨 붙는 경우도 있었다. 사냥은 네안데르탈인에게 생존을 위해 반드시 필요한 일이었기에, 뼈에 남은 골절의 흔적들은 그들의 치열했던 삶의 단면을 잘 보여준다.

하지만 이러한 외상이 사냥의 결과로만 나타난다고 생각하면 오산이다. 무리 내 갈등으로 인해 폭력이 발생하는 건 네안데르탈인 사회에서도 마찬가지였기 때문이다. 조금 더 특별한 환경에서 특별한 방법으로 살아갔지만 사회생활을 하는 동물인 이상, 갈등과 싸움은 피할 수 없는 일이었을 것이다.

네안데르탈인의 외상은 주로 머리와 목에 집중되어 나타났다. 기존의 연구자들이 머리와 목에 집중된 외상은 로데오 경기의 카우보이와 같은 골절 패턴이라고 했지만, 에릭 트린카우스는 이와는 다른 설명을 했다. 머리와 목에 집중된 외상 패턴은 호모 사피엔스에서도 별반 다르지 않았다. 따라서 두 집단의 사냥 패턴이 달랐다는 점을 고려해보면 이러한 상처를 네안데르탈인이 사냥에서 얻었다고 보기 어렵다는 입장이다. 또 팔과 다리는 지방과 근육이 있어 상처가 나더라도 어느 정도는 완충이 된다. 하지만 머리와 목은 사소한 상처도 팔다리에 비해 흔적이 더 선명하게 남기 때문에 머리와 목에 외상이 더 많았던 것으로 분석될 수도 있다. 그러니 네안데르탈인의 골절 패턴도 한 가지 원인으로 설명할 수만은 없을 것 같다.

할머니가 없는 네안데르탈인의 사회

네안데르탈인의 뼈를 보면 그들의 수명이 매우 짧은데다 특히 유아 사망률이 높았다는 것을 알 수 있다. 이들은 대부분 40세를 채 넘기지 못한 것으로 보이며, 이는 오늘날 선진국들과 비교하면 절반 정도의 수준이다. 네안데르탈인 사회에서 가장 장수했을 거라고 추정되는 사람은 이라크 샤니다르 동굴에서 나온 화석의 주인공이다. 하지만 이 개체의 나이도 30대 중반에서 40대 초반 정도다. 그러니 네안데르탈인의 수명이 얼마나 짧았는지 짐작이 되고도 남는다. 그러나 전쟁과 전염병, 기근과 오염된 식수원, 낙후된 의료 혜택 등으로 고통받는 오늘날 개발도상국들 몇몇은 여전히 네안데르탈인과 비슷한 수준의 평균 수명을 보이기도 한다.

해부학적 현대인의 경우와 비교하면 네안데르탈인 집단의 청소년기 사망률 역시 월등히 높다. 예로 북유라시아 지역의 유적에서 출토된 네안데르탈인 중에 43퍼센트는 청소년기에 해당하는 개체들이었는 데에 반해, 해부학적 현대인 집단에서는 청소년의 비율이 30퍼센트 정도였다. 네안데르탈인 유적인 크로아티아의 빈디자Vindija와 크라피나에서 유소년 개체를 포함한 청년층의 사망률은 각각 46.2퍼센트, 43.5퍼센트에 달한다.

성장기에 해당하는 유소년층을 포함한 젊은 연령대의 사망률이 높다는 것은 어떤 의미일까? 왜 네안데르탈인 사회에서 이들 계층의 사망률이 높은 걸까? 이유는 네안데르탈인 사회가 유아부터 노년에 이르는 생애사적 단계에 따라 사회적 역할을 크게 구분하지 않았기 때문일 수 있다. 우리 사회에서 성장하는 어린이들이 주로 무슨 일을 하나? 그들에게 주어진 사회적 역할은 학교에 다니며 공부하고 친구들과 어울려 놀며 사회성을 키

워나가는 것이다.

하지만 네안데르탈인 사회에서 아이들은 어렸을 때부터 성인들과 함께 사냥 같은 위험한 활동에 참여하며 살았을지 모른다. 그래서 많은 아이들이 목숨을 잃었을 것이라 본다. 이와 관련해 에릭 트린카우스는 네안데르탈인 집단의 경우 신생아기부터 청소년기까지 사망률이 증가하는 데에 반해, 호모 사피엔스 집단에서는 사망률 패턴이 이와 정반대로 나타남을 확인하였다.

사실 거의 모든 사회에서 5세 미만의 영유아 사망률이 어떤 연령대의 사망률보다 가장 높다는 점을 고려하면 네안데르탈인의 사망률 패턴은 상당히 놀랍다. 트린카우스는 1987년에 데이비드 톰프슨David D. Thompson과 함께 152명의 네안데르탈인 중 단지 8.6퍼센트만이 35세를 넘겼고, 40~45세까지 산 사람은 매우 드물다고 발표한 바 있다. 수명이 이처럼 짧았기 때문에 네안데르탈인의 가족에서 할머니, 할아버지는 있을 수 없었다.

네안데르탈인의 건강 상태가 오늘날 우리의 기준으로 보면 정말 형편없는 수준이라고 느낄 만한 화석이 하나 있는데, 그 화석은 바로 프랑스의 라샤펠오생에서 발견된 네안데르탈인이다. 제1장에서 살펴본 바로 그 '라샤펠의 노인'이다. 이 뼈의 주인공은 30대로 추정되었지만, 이가 거의 남아 있지 않고 몸 곳곳에서 관절염을 심하게 앓은 흔적이 확인되었으며, 갈비뼈는 부러지고 비타민 D 부족으로 인해 다리뼈가 심각하게 변형되었다. 뼈에 남아 있는 흔적만 본다면, 이 상태로 어떠한 치료도 없이 30대까지 살았다는 것이 오히려 놀라울 정도이다.

한편 500여 개체가 넘는 네안데르탈인 뼈대 중에 절반 정도가 어린아이라는 사실은 네안데르탈 집단의 유아 사망률이 상당했다는 점을 시사

한다. 어린아이의 뼈가 어른 뼈에 비해 훨씬 약하기 때문에 화석으로 남기 힘들다는 점을 고려하면, 이렇게 많은 네안데르탈인 아이의 뼈가 발견되었다는 것은 네안데르탈인으로 태어나 성장하는 과정이 매우 어렵고 또 실제 사망률은 훨씬 더 높았을 거라는 사실을 짐작하게 한다. 이러한 측면은 가혹한 환경에 적응하여 강인하게 살았던 네안데르탈인에게 다소 어울리지 않는 점으로 비칠 수도 있다. 하지만 식량이 부족해 영양 결핍에 시달렸다면, 아무리 네안데르탈인이라 해도 면역체계가 약해져 질병에 걸릴 수밖에 없었을 것이다.

유아 사망률이 높고 수명이 짧았기 때문에 네안데르탈인 무리는 현생인류 집단에 비해 그 규모가 훨씬 작았던 것으로 추정된다. 오늘날 대부분의 연구자들은 네안데르탈인이 대략 30명에서 140명 정도의 무리를 구성하여 살았을 거라고 추정한다. 이처럼 수만 년 전에 살았던 옛 인류 집단의 규모를 어떻게 알아낼 수 있을까? 지금이야 국가 차원에서 정기적으로 인구 총조사라는 것을 하지만, 이러한 인구 조사가 시작된 역사도 따지고 보면 불과 200년 남짓이다.

고고학자들은 동물 뼈와 석기, 불 탄 자리들이 발견되면 그것들이 차지하는 공간의 패턴과 분포로 집단의 크기를 대략적으로 추정한다. 네안데르탈인이 근거지를 중심으로 그들의 활동반경을 어느 정도로 사용했는지에 대해서도 마찬가지로 그들이 남긴 고고학적 유물을 통해 추정한다. 네안데르탈인은 근거지를 중심으로 5~10킬로미터까지 활동반경을 유지하다가 주변의 자원이 고갈되면 이동하는 방식으로 살았던 것으로 보인다.

하지만 이 경우에도 기후 조건이나 먹잇감으로 이용할 수 있는 자원의 상태를 고려하여 활동반경의 범위를 결정했던 것 같다. 서남부 유럽의 경우는 근거지에서 5~10킬로미터 정도를 활동반경으로 유지했던 것으로 보이고, 좀 더 북쪽의 북서부 유럽에서는 근거지로부터 45~50킬로미터 떨어진 곳까지 활동했던 흔적들이 남아 있기 때문이다.

네안데르탈인의 생활방식에 대해 미시간주립대학교 리처드 호런Richard Horan은 이들이 주로 20~30명 정도 규모의 가족 단위로 살았으며, 다른 집단과는 거의 교류를 하지 않으며 살았다고 설명한다. 이렇게 네안데르탈인의 인구밀도가 낮게 유지되었기 때문에 아프리카에서 해부학적 현대인이 이주해왔을 때 오래도록 함께 살지 못하고 사라질 수밖에 없었는지도 모른다.

뼈로 문화를 말하다

'라샤펠의 노인'은 키가 162~164센티미터, 몸무게는 77킬로그램 정도로 추정되었다. 앞서 얘기한 것처럼, 뼈에는 관절염과 골절 흔적들이 가득하고 이도 거의 남지 않은 상태였다. 이가 거의 없었기 때문에 고기라도 먹을라치면 누군가가 그를 위해 잘게 고깃덩어리를 찢어주거나 또는 딱딱한 음식을 미리 씹어서 먹을 수 있도록 도와주어야 했을 것이다.

음식뿐 아니라 노인이 굽은 다리와 심한 관절염을 앓으며 무리에 남아 살아가기 위해서는 누군가 지속적으로 그를 부축해주어야만 했을 것이다. 꼭 노인이 아니라도 사냥을 나갔다가 심하게 다쳤다면 동료들의 부축이 필요했을 테고, 도움을 받아 근거지로 돌아온 이후에도 몇 달간 꼼짝하지 않고 쉬어야 했을 테니 무리의 생계활동에 도움이 되지 못하고 부담만 안겨주는 존재였을 것이다.

오늘날 우리는 아프고 병든 사람이 있으면 보살펴줘야 한다는 생각을 가지고 있다. 이렇게 힘든 처지에 놓인 동료를 챙기는 모습은 인간을 비롯한 여러 동물에게서 볼 수 있으며, 네안데르탈인의 뼈에서도 그런 흔적이 보인다. 이라크의 샤니다르 동굴에서 발굴되어 '샤니다르 1'이라고 불리는 네안데르탈인 화석은 오른쪽 팔이 팔꿈치에서 절단되어 위팔만 남아 있다. 오른쪽 위팔뼈가 상당히 위축되어 있는 것으로 보아, 팔을 다친 후에도 꽤 오랫동안 살았던 것 같다. 또 얼굴에도 골절이 있는데, 이로 인해 왼쪽 눈을 실명했던 것으로 보인다.

이 네안데르탈인이 어떤 치료를 받았을지는 모르지만, 분명 무리의 누군가가 그가 살아갈 수 있도록 보살펴주었다. 라샤펠의 노인과 샤니다르의 네안데르탈인을 보고 있노라면, 척박한 환경에서 먹고살기에 바빴지만

네안데르탈인의 장례 문화. 우리가 고인에게 꽃을 바치는 것처럼
네안데르탈인도 마찬가지였다.

무리 속의 약자를 돌보며 함께 사는 방법을 알았던 네안데르탈인의 인간미가 느껴진다.

네안데르탈인의 뼈는 그들 나름의 장례 문화가 있었다는 사실도 알려준다. 사실 여기에 대해서는 학생 시절 수업시간에 조금 들은 바가 있을 것이다. 우리 호모 사피엔스 이전에 네안데르탈인이 있었다는 것과 그들이 시신을 매장하는 문화를 가지고 있었다고 배웠다.

대략 30군데가 넘는 곳에서 네안데르탈인이 그들의 이웃을 어떻게 매장했는지 알려주는 흔적들이 발견되었다. 네안데르탈인은 대개 팔다리뼈를 굽힌 상태로 시신을 매장하였는데, 무덤 위에 꽃을 놓아두기도 하고 먼 곳에서 가져온 석기를 시신과 함께 묻기도 했다. 요즘도 우리는 고인에게 꽃을 바친다. 네안데르탈인은 4만 년 전에 이라크의 샤니다르 동굴에서 시신을 묻고 늦봄과 초여름 사이에 핀 꽃을 한아름 꺾어 고인에게 바쳤다.

이것이 오늘날 우리가 하는 행동과 같은 의미를 가진 행위일까? 이것만으로는 그들이 죽음을 어떻게 생각했는지, 사후세계와 영혼을 믿었는지 어땠는지 분명하게 알 수 없다. 하지만 우리가 느끼고 있는 것들을 그들도 느끼고 있었던 것만은 분명한 듯하다.

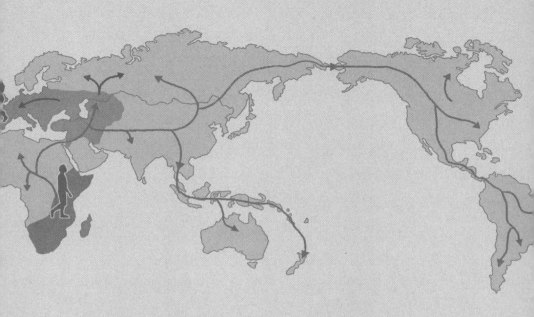

제4장

유전자가 말하는 것들

CSI 과학수사대

앞 장에서 살펴본 것처럼 뼈의 형태는 네안데르탈인이 어떤 존재였고 어떻게 살았는지에 대해 많은 것을 말해준다. 하지만 안타깝게도 뼈의 형태가 모든 궁금증을 해결해주지는 못한다. 왜냐하면 사람의 많은 특징들이 뼈에 흔적을 남기는 것은 아니기 때문이다. 네안데르탈인의 피부는 우윳빛깔이었을까, 아니면 우리처럼 노르스름한 피부였을까? 그것도 아니면 까무잡잡하게 그을린 어두운 색의 피부였을까? 눈동자는 우리처럼 갈색이었을까, 아니면 파란색이었을까? 머리카락은 쭉쭉 뻗은 직모였을까, 아니면 구불구불한 곱슬머리였을까? 그들도 우리처럼 말을 할 수 있었을까? 이를테면 이런 질문에 대한 답을 뼈에서 모두 찾아낼 수는 없다.

네안데르탈인을 연구하는 과학자들은 뼈의 형태에서 얻을 수 없는 정보를 찾기 위해 이런저런 가능성들을 끊임없이 탐색한다. 아주 다른 분야에 속해 있는 것처럼 보일 수 있지만 사실 법의학자와 법의인류학자들은 네안데르탈인 연구자가 고민하는 문제를 오랫동안 함께 고민해왔다. 유명한 미국 드라마 시리즈인 〈본즈〉나 〈CSI 과학수사대〉뿐 아니라, 얼마 전 우리나라에서 인기리에 방영되었던 드라마 〈시그널〉에서도 뼈만 남은 피해자나 흔적 없이 사라진 용의자의 신원을 확인하기 위해 고군분투하는 모습의 수사관들을 종종 본다. 이런 유의 드라마에서 수사가 미궁에 빠질 때면 어김없이 '유전자'가 결정적인 역할을 해내곤 한다.

이런 드라마에서는 현장에 남은 한 방울의 혈액으로 심지어 용의자의 얼굴까지 복원해낸다. 허구가 가미되긴 했지만 오래된 피 한 방울에서 DNA를 뽑아 사람의 신원을 확인해나가는 장면은 볼 때마다 짜릿할 정도로 놀랍고 신기할 따름이다. 한 사람의 DNA에 담긴 유전정보를 이용하여 용의자를 찾고 사망자의 신원을 확인할 수 있다면, 네안데르탈인의 DNA를 통해서도 그들이 어떤 존재였는지를 구체적으로 알아낼 수 있지 않을까?

사람을 사람으로, 돼지나 토마토를 각자의 종으로 만드는 데 필요한 정보가 궁극적으로 DNA에 담겨 있다는 점을 생각해보면, 이는 매우 그럴듯한 생각처럼 보인다. 실제로 유전학자들은 피부색이나 키, 당뇨병에 걸릴 확률처럼 여러 형질들에 영향을 미치는 유전자 변이를 수없이 발견한 바 있다. 또 오늘날 생명과학의 발전은 개인의 유전적 감수성을 바탕으로 '맞춤의학personalized medicine'을 점차 실현시켜가고 있는데, 이 역시 이러한 지식에 기반하고 있다. 맞춤의학은 개인의 유전적 프로필을 바탕으로 환자의 유전적·환경적 특징에 맞추어 의료 치료를 최적화하여 제공함으로써 보다 나은 치료 효과를 얻을 수 있도록 하는 것을 목표로 한다.

이처럼 유전정보를 이용해 한 사람의 특징을 예측할 수 있다는 생각은 과학 연구뿐만 아니라 영화나 소설 속에서도 자주 등장한다. 상상력이 잔뜩 가미된 영화에서는 머리카락 한 올을 DNA 분석기에 집어넣으면 곧이어 머리카락 주인의 모습이 3차원 영상으로 생생하게 복원되기도 한다. 과연 영화에서처럼 DNA에 담긴 유전정보를 가지고 네안데르탈인이 어떻게 생겼는지, 어떤 생각을 가지고 어떻게 행동했는지를 생생하게 알아내는 일이 가능한 걸까?

결론부터 말하자면, 실상은 그리 단순하지 않다. 이유는 키나 지능, 얼굴 생김새와 같은 형질들이 발현되는 과정에는 아주 많은 수의 유전자가 관여하고, 이 유전자들이 작동하는 방식 역시 매우 복잡하기 때문이다. 또한 이러한 형질들은 환경에 따라서도 크게 달라질 수 있다. 그럼에도 네안데르탈인의 유전정보에 대한 연구는 그들에 대해서, 또 그들의 가장 가까운 사촌인 우리 자신에 대해서 많은 것을 알려준다. 사실 유전자가 말해주는 네안데르탈인의 특징은 아직 여러모로 불완전하지만, 뼈로는 도저히 알아낼 수 없는 특징에 대해 새로운 단서를 제공해준다는 점에서 매혹적이다. 그럼 본격적인 과학수사에 들어가기에 앞서, 잠시 이 여정의 길잡이가 되어줄 유전학의 기본 개념과 용어들을 살펴보고 넘어가도록 하자.

DNA 씨의 유전학 안내서

안녕, DNA 씨?

우리는 모두 서로 다른 유전정보를 갖고 있으며, 이러한 유전정보는 디옥시리보핵산deoxyribonucleic acid, 즉 DNA라는 유전물질에 담겨 있다. 디옥시리보핵산! 이름이 길다고 쫄지는 말자. DNA라는 용어는 들어보지 못한 사람이 거의 없을 정도로 익숙해지지 않았나. 사실 DNA가 유전정보를 담고 있으며 이중으로 된 두 갈래의 선이 서로 꼬여 있는 구조로 이루어진 분자라는 사실을 알게 된 것은 그리 오래되지 않았다. 1940~50년대 실험을 통해 밝혀졌으니 따지고 보면 100년도 채 되지 않은 셈이다. 그러니 이 책을 통해 처음으로 DNA 구조를 알았다고 해서 좌절하거나 실망할 필요가 전혀 없다.

DNA는 염기, 당, 인산으로 구성된 뉴클레오티드nucleotide라는 작은 분자가 길게 두 줄로 연결되어 만들어진다. 작은 쇠고리가 맞물려서 긴 쇠사슬을 만드는 것처럼 뉴클레오티드 역시 서로 연결되어 길고 긴 DNA 분자를 만든다. 다만 DNA 분자가 쇠사슬과 다른 점은 쇠고리 하나에 해당하는 단위 분자인 뉴클레오티드의 종류가 네 가지나 된다는 점이다.

뉴클레오티드의 종류는 염기에 따라 달라진다. 즉 염기의 종류가 아데닌adenine(A), 구아닌guanine(G), 시토신cytocine(C), 티민thymine(T) 이렇게 네 가지이기 때문에 뉴클레오티드의 종류도 네 가지가 된다. DNA는 이 네 가지 염기를 다양한 순서로 나열하여 우리 몸에 대한 정보를 저장한다.

DNA가 생체정보를 저장하는 방식은 우리가 만들어낸 정보 저장 방식들과 근본적으로 크게 다르지 않다. 컴퓨터가 0과 1을 다양한 순서로 나열해 정보를 저장하고, 영어가 스물여섯 개의 알파벳 자음과 모음을 나열해 단어와 문장을 만드는 것처럼, DNA의 생체암호는 네 가지 염기를 나열해 만드는 문장인 셈이다. DNA 구조에 대한 설명이 좀 복잡하게 들릴 수도 있지만 생각해보라. 스물여섯 개씩이나 되는 알파벳도 처음엔 익히는 데 시간이 걸렸지만, 지금은 처음 보는 복잡하게 생긴 단어들도 대충 읽을 수 있고 또 뜻을 아는 단어들도 무수히 많지 않은가. 그러니 DNA를 이해하

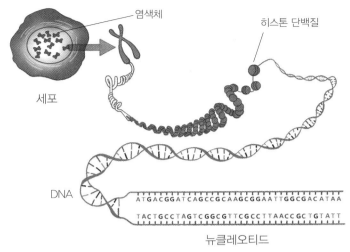

염색체

히스톤 단백질

세포

DNA

ATGACGGATCAGCCGCAAGCGGAATTGGCGACATAA

TACTGCCTAGTCGGCGTTCGCCTTAACCGCTGTATT

뉴클레오티드

DNA의 구조.

는 데에도 다만 익숙해질 시간이 필요할 뿐이다.

사람의 유전체는 스물세 쌍의 염색체에 나뉘어 담겨 있다

1990년대 후반 생물학계의 가장 큰 이슈는 단연 '휴먼 게놈 프로젝트'였다. 이 프로젝트의 목표는 사람의 게놈, 즉 유전체를 구성하는 약 30억 쌍에 달하는 염기서열을 모두 해독하는 것이었다. 여기에서 유전체genome는 한 생물이 갖고 있는 모든 유전물질을 가리키는 유전학 용어이다. 휴먼 게놈 프로젝트가 이루어진 끝에 우리는 사람의 유전체에 얼마나 많은 유전자gene가 있고, 이 유전자들이 어디에 위치하고 있는지를 알려주는 '인간 유전자 지도'를 갖게 되었다.

30억 개나 되는 염기쌍은 세포 안에서 어떻게 조직되어 있을까? 모두 한 줄로 길게 연결되어 있을까? 아니면 수만 개나 되는 유전자 하나하나

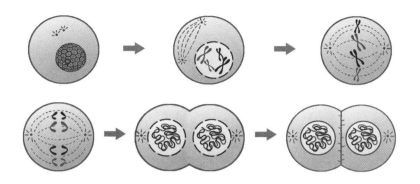

염색체와 체세포 분열.

가 따로 떨어져 있을까? 정답은 바로 염색체에 있다. 즉 유전자는 염색체라고 불리는 몇 개의 큰 덩어리에 나누어져 있다. 이를테면 사람의 1번 염색체는 약 2억 5000만 염기쌍, 16번 염색체는 약 9000만 염기쌍이 이어진 긴 DNA 분자이다. 염색체는 세포가 분열할 때 굵은 실타래 모양이나 막대모양으로 응축하기 때문에 현미경으로 쉽게 관찰할 수 있다.

　사람은 아버지와 어머니로부터 받은 염색체 두 벌을 쌍으로 갖는다. 여기에서 염색체 한 벌은 상염색체 스물두 개와 성염색체 하나로 이루어지기 때문에 사람의 염색체는 46개가 된다. 유전체의 크기와 염색체의 숫자는 생물의 종에 따라 다르다. 사람과 가장 가까운 유인원인 침팬지나 고릴라의 경우, 사람보다 상염색체가 하나 더 많다. 또 유전학 연구에 많이 사용되는 식물인 애기장대는 상염색체 다섯 개에 1억 3500만 개의 염기쌍이 포함되어 있고, 초파리의 경우 1억 4000만 개의 염기쌍이 상염색체 세 개와 성염색체에 들어 있다. 이러한 유전체의 크기는 늘 그대로 머물러 있지 않기 때문에 진화생물학자들은 유전체의 크기와 구성이 어떻게 바뀌어가는지를 연구하기도 한다.

알아갈수록 신비로운 유전자의 세계

유전자는 유전체의 기능 단위라고 할 수 있다. 유전자들 중에서 가장 잘 알려진 것은 단백질을 암호화하는 유전자들이다. 사람의 유전체에는 약 2만여 개의 단백질 암호화 유전자가 있다고 알려져 있다. 하지만 단백질 암호화 유전자가 유전체에서 차지하는 비율은 2퍼센트가 채 되지 않을 정도로 그 양이 매우 적다. 이러한 이유 때문에 한때는 유전체의 98퍼센트에 달하는 나머지 부분이 별다른 기능을 하지 않는다고 생각해 단백질 정보가 담겨 있지 않은 부분을 '쓰레기 DNA'라고 불렀던 적도 있다.

하지만 현재는 그들을 바라보는 관점이 180도 바뀌었다. '쓰레기 DNA'가 단백질을 만들지는 않지만 다양한 기능을 하는 RNA(리보핵산ribonucleic

쓰레기 DNA가 아니라 보물창고 DNA.

acid)를 암호화하는 수많은 유전자를 포함하고 있다는 사실을 알게 되었기 때문이다. 이런 RNA 유전자에는 마이크로 RNA와 '긴 비암호화 RNA' 등이 있다. 쓰레기 DNA에는 단백질 및 RNA 유전자가 언제, 어디에서, 얼마나 활동할지를 정해주는 '조절 요소regulatory elements'들도 가득 들어 있다. 이쯤 되면 쓰레기 DNA라기보다는 보물창고 DNA라고 불러야 할 것 같다.

DNA의 생체정보는 겨우 네 글자(A/C/G/T)로 구성되어 있지만 이 네 글자를 조합하여 의미를 저장하는 문법은 매우 다양하다. 같은 네 글자로 단백질이나 RNA의 서열을 기록하기도 하고, 언제, 어디서, 얼마나 많은 단백질이나 RNA를 생산할지 결정하는 조절 요소를 만들기도 한다. 언어학자들이 수천 년에 걸쳐 다양한 언어를 기록한 메소포타미아의 쐐기문자를 하나하나 해독했던 것처럼, 유전학자들은 지금도 DNA의 다양한 문법을 해독하고자 노력하고 있다.

돌연변이는 진화의 원동력

살아 있다는 것, 즉 생명이 무엇인지를 정의하기는 쉽지 않다. 철학자들도 고민하고 생물학자들도 고민하는 문제지만 여전히 확실한 답은 없다. 하지만 여러 분야의 연구자들이 동의하는 생명이 갖는 몇 가지 특징이 있다. 그중 가장 중요한 특징은 자신과 닮은 자손을 생산하는 번식 기능이다. 자신과 비슷한 자손을 생산하는 과정을 반복하려면, 생명체의 설계도라 할 수 있는 유전정보를 다음 세대로 정확히 전달하는 일이 매우 중요하다. 설계도만 정확하다면, 다음 세대는 지금 세대와 매우 비슷한 모습으로 발생할 테니 말이다.

세대에서 세대로 전달되는 유전정보를 담고 있는 DNA는 세포가 복제

될 때 같이 복제되는데, 이 과정에서 DNA의 '이중나선' 구조가 중요한 역할을 담당한다. 앞에서 DNA는 뉴클레오티드가 나란히 늘어서서 만들어진다고 설명하였는데, 사실은 이런 사슬 두 개가 결합한 것이 DNA의 진짜 구조이다. 상행선과 하행선이 평행하게 놓인 철로를 생각해보면 좋을 것 같다.

이 두 사슬은 어떻게 서로 떨어지지 않고 붙어 있는 것일까? 비밀은 한쪽 사슬을 구성하는 염기가 반대쪽 사슬에 있는 염기와 서로 달라붙는다는 데에 있다. 톱니가 하나씩 맞물려 올라가는 지퍼처럼, DNA를 구성하는 한 쌍의 사슬은 나란히 마주하는 염기들이 서로 잡아당겨 맞물리면서 단단하게 결합한다.

이 과정에서 특이하게도, 한 염기는 오직 한 종류의 다른 염기와만 결합할 수 있다. 즉 아데닌(A)은 티민(T)과, 시토신(C)은 구아닌(G)과 서로 쌍을 이뤄 결합한다. 이러한 특징을 '상보성complementarity'이라고 하는데, 이 원리를 이용하면 한쪽 사슬의 염기서열을 알 경우 반대쪽 사슬의 염기서열도 자동으로 알 수 있다. 만약 한쪽 사슬에 아데닌(A)이 있다면 그 아데닌과 결합하는 반대쪽 사슬의 염기는 티민(T)이어야만 한다. 마찬가지로 시토신(C)과 결합하는 염기는 구아닌(G)이다.

이런 식으로 대응시키면 한쪽 사슬의 염기서열 ACGTCCG에 대응하는 반대쪽 사슬의 염기서열이 TGCAGGC라는 것을 알 수 있다. 세포 안에서 DNA가 복제될 때도 상보성은 그대로 적용된다. DNA 복제란 염기 사이의 결합을 끊어서 DNA를 두 사슬로 나눈 뒤, 각각의 사슬에 대응하는 새로운 사슬을 합성하는 과정이다. 이 과정에서 생겨난 새로운 사슬의 염기서열은 상보성을 통해 결정되기 때문에 새로 생긴 두 DNA는 원래 있던

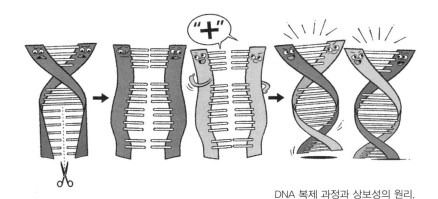

DNA 복제 과정과 상보성의 원리.

DNA와 염기서열이 같을 수밖에 없다.

　그렇다면 세포 안에서 DNA 복제는 매번 완벽하게 이루어질까? 만약 한 세대에서 다음 세대로 DNA를 복제하는 과정에서 한 번의 실수도 일어나지 않는다면, 우리의 염기서열은 수십억 년 전 최초로 지구상에 살았던 생명체의 염기서열과 동일할 것이다. 즉 DNA 복제 과정이 완벽하다면 지구상에는 오직 한 종류의 생물만이 살고 있어야 한다. 하지만 현실은 이와는 너무나 다르다. 지구상에 살고 있는 생물들은 너무도 다양하다. 알려진 동식물만 해도 수백만 종에 달한다. 뿐만 아니라 한 종 안에서도 개체들은 서로 판이하게 다르다. 사람만 보더라도 키가 2미터가 넘는 서장훈도 있고, 〈정글의 법칙〉에 나오는 재주 많은 족장 김병만처럼 작은 사람도 있다. 거리를 지나가는 사람들을 관찰해보면 누구 하나 똑같은 사람이 없다. 도대체 이 엄청난 다양성은 어디에서 온 것일까?

　정답은 바로 DNA 복제 과정에 있다. 즉 DNA를 복제하는 과정에서 간혹 실수가 생기기 때문에 생물에 엄청난 다양성이 생기게 된다. 예를 들어 DNA를 복제하는 과정에서 이전에 아데닌(A)이 있던 자리에 실수로 구아닌(G)이 끼어 들어갔다고 가정해보자. DNA 복제 기구는 오직 현재 다루고 있는 DNA 분자의 염기서열만을 볼 수 있기 때문에 일단 G가 A를 대체하고 나면 이 자리에 원래 어떤 염기가 있었는지에 대해서는 기억하지 못한다. 따라서 이제부터는 A 대신 G가 복제되어 다음 세대로 전달된다. 이렇게 DNA 복제 과정에서 일어나는 실수로 인해 조상과 달라진 염기서열을 우리는 '돌연변이mutation'라고 부른다.

돌연변이는 DNA가 복제될 때마다 드물기는 하지만 꾸준히 일어난다. 예를 들어, 부모와 자식의 유전체 염기서열을 비교해보면, 1억 개당 한두 개 꼴로 차이가 발견된다. 의미가 없는 것처럼 느껴지는 수치이지만 유전체에 담긴 염기쌍의 숫자가 30억 개나 된다는 것을 생각해보면 1억 분의 1 내지 2의 확률이라도 약 30~60개의 돌연변이가 발생할 수 있다. 또 부모 양쪽으로부터 염색체를 한 벌씩 받기 때문에 우리는 누구나 부모님이 갖고 있지 않던 새로운 염기를 100개 정도씩 갖고 있는 셈이다.

우리나라에서만 매년 40만 명이 넘는 아기가 태어난다. 이것은 한국인의 유전자 풀에 매년 4000만 개의 돌연변이가 유입되는 결과를 낳는다. '유전적 변이'를 생성하는 이 느리지만 꾸준한 과정이 수십억 년에 걸쳐 축적된 결과가 바로 '유전적 다양성genetic diversity'이다. 사람들이 서로 다르고 사람과 침팬지, 사람과 버드나무, 사람과 대장균이 서로 다른 원인이 바로 여기에 있다.

자연선택만이 진화를 일으키는 힘이 아니라고? 중립진화의 중요성

'진화란 무엇일까?'라고 묻는다면 뭐라고 답해야 할까? 아마도 많은 사람들이 찰스 다윈의 자연선택 이론과 적응을 떠올릴 것이다. 적응 진화는 분명 진화의 중요한 기제 중 하나다. 하지만 적응 진화를 진화와 동의어로 생각하면 안 된다. 교과서에 따르면, 진화란 '세대가 지남에 따라 생물체의 특징이 점차 변해가는 것', 또는 '세대가 지남에 따라 유전자 풀의 구성이 달라지는 것'이라고 정의된다.

간단하게 말하면 진화는 곧 변화다! 변화를 일으키는 원인은 자연선택 외에도 다양하다. 어떤 유전자는 생존이나 번식에 중요한 역할을 하기 때문에 자연선택에 의해 변하겠지만, 생존과 번식에 별다른 영향을 주지 않는 유전자도 세대가 지남에 따라 끊임없이 변한다. 즉 진화는 생존이나 번식에 영향을 미치는지 아닌지의 여부와 상관없이 세대가 지남에 따라 축적되는 모든 변화를 포괄하는 넓은 의미의 개념이다.

이 정의를 잘 이해했다면, 앞에서 살펴본 돌연변이가 진화를 발생시키는 중요한 원동력이라는 사실을 눈치 챘을 것이다. 이전 세대에는 없던 새로운 변이가 유전자 풀에 나타나는 것보다 더 극적인 변화가 어디 있겠는가? 돌연변이를 가끔 부정적인 의미로 "저런 돌연변이 같으니"라고 하기도 하지만 유전학에서 돌연변이는 사랑스러운 존재이다.

'유전자 재조합'은 돌연변이와 함께 새로운 변이를 만들어내는 중요한 과정이다. 유전자 재조합은 돌연변이처럼 완전히 새로운 변이를 만들어내지는 않지만, 기존에 존재하는 염기들을 뒤섞어 새로운 변이를 만들어낸다. 사람의 경우, 유전자 재조합은 정자와 난자 같은 생식세포를 생성하는 감수분열 과정에서 일어난다. 정자나 난자가 만들어지는 동안에 부모 양쪽에게서 하나씩 물려받은 한 쌍의 염색체가 일부분을 서로 교환하는 '교차crossover'가 일어나는데, 바로 이 과정에서 재조합이 일어난다.

그렇다면 돌연변이를 통해 새로 나타난 변이는 어떻게 될까? 이제부터

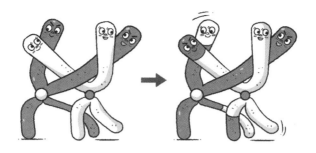

유전자 재조합을 이끌어내는 교차.

는 이 변이가 유전자 풀에 얼마나 흔하게 나타나는지, 즉 이 변이의 빈도에 주목할 필요가 있다. 시간이 흐름에 따라 변이의 빈도가 달라지는 것역시 진화이기 때문이다.

앞에서 들었던 예로 다시 돌아가보자. DNA 복제 과정에서 아데닌이구아닌으로 바뀌는 실수가 일어났고, 이 실수가 자손에게 전달되었다. 이집단에 5000명의 사람이 있다고 가정해보면, 새로 나타난 구아닌은 딱 한개 존재한다. 사람 한 명당 염색체는 두 벌씩 있기 때문에 총 1만 벌의 염색체 가운데 G를 갖고 있는 염색체는 하나, A를 갖고 있는 염색체는 9999벌이다. 이처럼 같은 자리에 서로 다른 염기가 존재할 때 각각의 염기를 '대립유전자allele'라고 부른다. 즉 이 경우 A와 G라는 두 개의 대립유전자가 존재한다. 여기에서 구아닌 대립유전자가 나타날 빈도는 1만 분의 1, 즉 0.01퍼센트이고 아데닌 대립유전자의 빈도는 99.99퍼센트가 된다.

새로 생긴 구아닌 대립유전자를 갖고 있어도 아데닌을 갖고 있는 경우에 비해 생존과 번식에 별다른 차이가 나지 않는다고 가정해보자. 이 경우, 다음 세대에 어떤 대립유전자가 어떤 비율로 전달될지는 전적으로 무작위적인 확률 과정에 의해 결정된다. 다음 세대를 구성하기 위해 무작위적으로 1만 개의 염색체를 뽑는다고 상상해보자. 아데닌을 뽑을지 구아닌을 뽑을지 결정하는 동전을 1만 번 던지게 되는데, 동전을 던질 때마다 구아닌이 나올 확률은 1만 분의 1이다. 이 과정에서 구아닌 대립유전자는 이전 세대와 마찬가지로 한 번만 뽑힐 수도 있겠지만 한 번도 뽑히지 않거나 두 번 또는 세 번 뽑힐 수도 있다. 간단하게 확률을 계산해보면 구아닌 대립유전자가 한 번도 뽑히지 않을 확률은 37퍼센트, 정확히 한 번만 뽑힐 확률은 37퍼센트, 두 번 뽑힐 확률은 18퍼센트, 세 번 뽑힐 확률은 6퍼센트이다.

이렇게 A와 G 대립유전자처럼 생존과 번식에 영향을 주지 않는 변이를 '중립 돌연변이neutral mutation'라고 하고, 이 돌연변이의 빈도가 시간에 따라 무작위적으로 변해가는 과정을 '유전자 표류'라고 부른다. 유전자 표류에 따른 빈도 변화는 방향성이 없다. 어차피 생존과 번식에 영향을 주지 않기 때문에 A가 뽑히든 G가 뽑히든 크게 상관이 없다. 따라서 이 변이가 어디로 흘러갈지는 그야말로 운수소관이다. 이전 세대에서 빈도가 증가했다고 하더라도 우연히 그렇게 된 것이므로 다음 세대에서는 빈도가 계속 증가할 수도 있고 다시 낮아질 수도 있다.

위의 예에서 운 좋게 구아닌 대립유전자가 두 번 선택되었다고 가정하면 이제 구아닌 대립유전자의 빈도는 0.0002가 된다. 다음 세대를 구성하기 위해 무작위 추첨을 반복한다면 어떻게 될까? 빈도가 줄어들 확률은 41퍼센트, 그대로 유지될 확률은 27퍼센트, 늘어날 확률은 32퍼센트이다. 이전 세대에 구아닌 대립유전자의 빈도가 더 높았다가 줄어들어 1만 분의 2가 되었다고 해도 이 확률은 동일하다. 즉 다음 세대의 유전자 빈도는 현재 빈도에 기초해 무작위적으로 결정될 뿐 이전 세대에서 일어난 변화 정도나 방향의 영향을 전혀 받지 않는다. 이러한 무작위적 빈도 변화를 '표류' 즉 해류에 따라 이리저리 흘러다니는 움직임에 비유한 것은 매우 적절해 보인다.

저명한 집단유전학자 기무라 모토木村資生가 처음 제시한 '분자 진화의 중립 이론'에 따르면, 유전체를 구성하는 염기서열의 대부분은 개체의 생존과 번식에 별다른 영향을 주지 않고 유전자 표류를 통해 중립적으로 진화한다고 한다. 유전체를 구성하는 대부분의 염기서열이 아무런 방향성 없이 이리저리 떠다니는 방랑자처럼 진화하고 있다니. 실망스러울지도 모르겠다.

하지만 유전체의 대부분이 중립적으로 진화한다는 사실은 집단유전학자들에게는 엄청난 희소식이다. 왜냐하면 중립진화의 결과라고 할 수 있는 유전체의 변이 패턴을 연구함으로써 집단의 과거 역사를 들여다볼 수 있기 때문이다. 즉 집단 크기의 변화나 집단 간의 유전자 교환은 유전체에 흔적을 남기게 되는데, 중립진화를 가정하면 이 흔적을 해독할 수 있는 길이 열린다.

자연선택은 어떻게 작용할까?

자연선택에 의한 적응 진화는 중립진화와 함께 대립유전자의 빈도를 변하게 하는 진화의 주요 기제이다. 자연선택은 변이가 존재하고 이 변이가 생존이나 번식에 도움을 준다면, 세대가 지남에 따라 이 변이의 빈도가 점차 증가할 것이라는 간단하고 확실한 논리를 따른다.

위의 예에서 새로 나타난 구아닌 대립유전자가 이 지역에 흔한 질병, 이를테면 말라리아에 저항성을 갖게 해준다면 어떨까? 구아닌 대립유전자를 가진 개체는 아데닌 대립유전자만 가진 개체에 비해 말라리아에 걸릴 확률이 현저히 낮아지고 결과적으로 아데닌 대립유전자를 가진 개체에 비해 더 많은 자손을 남길 확률이 높아진다. 이렇게 구아닌 대립유전자가 다음 세대로 더 잘 전파되는 과정이 여러 세대 반복되면 구아닌 대립유전자의 빈도는 유전자 표류에 따라 예측하는 빈도에 비해 훨씬 높아질 것이다.

이와 같은 대립유전자 빈도가 자연선택에 영향을 미친 사례 중에서 가장 유명한 예는 바로 '젖당 분해 효소 지속성 변이'이다. 젖당 분해 효소는 모유나 우유의 주 영양성분인 젖당을 소화시키는 효소다. 우유를 먹어야 하는 어린아이는 젖당 분해 효소가 활발하게 분비되기 때문에 우유를 소화하는 데 아무런 문제가 없다. 그런데 희한하게도 이 효소는 이유기 이후부터 서서히 감소하기 시작해 어른이 되면 대부분 몸속에서 사라진다. 우리나라 사람들이 어른이 되어 우유를 마실 때 종종 속이 불편해지는 건 이 효소가 없기 때문이다.

하지만 어른이 되어서도 '젖당 분해 효소 지속성 변이'를 갖고 있는 사람들도 있다. 이 경우 어른이 되어도 이 효소가 활발하게 분비되기 때문에 젖당을 별 문제없이 소화할 수 있다. 재미있는 사실은 이 변이의 빈도가 높게 나타나는 북유럽과 동아프리카, 중동의 집단들이 공통적으로 오래전부터 소나 낙타를 키우면서 젖과 유제품을 섭취해왔다는 점이다. 우유와 유제품이 중요한 영양 공급원인 문화에서 이를 잘 소화할 수 있는 유전자를 갖고 있으면 생존과 번식에 도움이 되었으리라는 점은 쉽게 짐작할 수 있다. 따라서 이러한 집단들에서 젖당 분해 효소 지속성 변이가 높은 빈도로 나타나는 것은 지극히 당연한 결과이다. 우유의 소화를 돕는 이 변이의 진화는 인류사에서 가축과 낙농업이라는 문화적 변수가 도입되어 유전적 변화를 이끈 '유전자-문화 공진화'의 대표적 사례이기도 하다.

　우리는 지금까지 DNA에 담긴 유전정보가 어떻게 구성되어 있는지, 유전정보의 다양성은 어떻게 축적되었는지, 다양성의 기반인 유전적 변이가 어떻게 진화하는지에 대해 알아보았다. 또 돌연변이, 유전자 재조합, 유전자 표류 및 자연선택과 같은 진화의 기제에 대해서도 살펴보았다. 이러한 진화의 기제들은 유전체에 독특한 유전자 변이 패턴을 남겨놓는다. 따라서 우리와 네안데르탈인의 유전자 변이를 연구하면 문자 기록을 훨씬 뛰어넘는 오랜 역사를 들여다볼 수 있다. 이 장을 통해 유전학자들의 은어에 조금이나마 익숙해졌다면 이제부터 네안데르탈인 유전학의 세계로 들어가보자!

집단유전학자의 일상

　집단유전학은 유전자를 이용해 한 생물집단의 과거를 들여다볼 수 있게 하는 학문 분야다. 쉽게 말하면 우리 민족은 언제, 어느 집단으로부터 갈라져 나왔는지? 한반도에는 언제부터 정착해 살았는지? 하는 질문들에 구체적인 답을 제공할 수 있는 연구를 진행한다. 즉 전 지구에 퍼져 살고 있는 여러 집단들이 언제 어디서 서로 갈라지고 또 섞였는지, 과거 어떤 시점에 집단의 크기는 어느 정도였는지, 집단이 갖는 유전자의 특성에 영향을 준 중요한 환경문화적 변화는 무엇이었는지 등을 연구한다. 유전자로 역사를 연구한다니! 놀라울 따름이라고?
　이 놀라운 분야에서는 거의 며칠마다 한 번씩 새로운 연구결과가 발표되고 있다. 그렇다면 유전자로 역사를 복원하는 집단유전학자들은 과연 어떻게 연구를 하는 걸까? 먼저 집단유전학자라고 하면 생경한 분야라 무엇을 떠올려야 할지 난감할지도 모르니 유전학자를 먼저 떠올려보자. 유전학자가 등장하는 영화 속 장면을 떠올려보아도 좋다.

어떤 모습이 떠오르나? 실험실에서 하얀 실험복을 입고 여러 용액들을 이리저리 옮기는 모습? 열대의 우거진 수풀 속에서 사파리복을 입고 죽을 둥 살 둥 희귀한 야생동물을 추적하고 있는 모습? 둘 다 완전히 틀린 상상은 아니다. 실험실이나 야외 현장은 분명 집단유전학자가 활동하는 주무대이긴 하다. 하지만 이런 모습보다 집단유전학자들은 컴퓨터 모니터 앞에 앉아 있는 시간이 훨씬 더 많다. 이들은 주로 슈퍼컴퓨터 앞에서 하루를 시작하곤 한다. 아침마다 커피를 들고 출근해 하루 종일 키보드를 두드리는 생물학자라니, 쉽게 상상이 가지 않을 것이다.

집단유전학자의 일상이 컴퓨터와 밀접한 건 여러 이유가 있다. 우선 이들이 분석하는 데 필요한 염기서열 자료의 양이 엄청나다. 최신 염기서열 분석장비를 한 번 돌려서 며칠 만에 얻을 수 있는 자료의 양은 수백 기가바이트에 육박한다. 이 데이터를 처리해서 분석이 가능한 형태의 자료로 만드는 과정에서 또 몇 배나 되는 분량의 파일이 만들어진다. 자료의 양만큼 자료를 처리하는 데 걸리는 시간도 길다. 수백 개의 작업을 동시에 수행할 수 있는 슈퍼컴퓨터가 필요한 것도 이 때문이다. 컴퓨터 한 대로 100일이 걸릴 작업도 100개로 나누어 동시에 처리하면 하룻밤에 마무리된다.

집단유전학자는 염기서열 자료에서 집단의 과거사를 추론하는 과정도 컴퓨터를 이용한다. 방대한 자료를 요약해 다양한 역사 시나리오를 검토한 후 유전자 자료를 가장 잘 설명하는 시나리오를 찾아내려면 복잡한 통계모형을 이용한 분석을 수없이 해야 하기 때문이다. 덕분에 집단유전학자들은 프로그래밍뿐만 아니라 통계학과도 친해져야 한다. 실제로 집단유전학자들 중에는 학부나 대학원 과정에서 수학·통계학·컴퓨터공학 등을 전공한 뒤 최종적으로 집단유전학 연구를 하는 사람들이 적지 않다.

데이터 처리 중에 생긴 프로그래밍 버그를 잡고 슈퍼컴퓨터 오작동과 씨름하다 보면 하루가 금세 지나간다. 어디 이뿐이랴. 방대한 자료를 처리하다 보면 수십 테라바이트의 저장 공간을 금세 꽉 채워서 시스템 관리자의 경고메일을 받는 일도 부지기수다. 그럴듯한 결과를 얻어도 혹시나 통계 모형에 오류는 없는지, 다른 해석이 가능한 것은 아닌지 연구실 동료들과 지난한 토론을 하며 머리를 싸매는 것도 다반사다.

인류사를 연구하는 집단유전학은 전혀 다른 여러 분야가 만나서 문제를 해결하는 전형적인 융합 학문이다. 유전학과 통계학·컴퓨터공학뿐만 아니라 고고학과 역사학과도 정보와 의견을 공유해야 하기 때문이다. 그만큼 알아야 할 것도 많은 어려운 분야지만, 역사의 미스터리를 명확하게 해결했을 때 느끼는 짜릿함은 이런 어려움을 모두 잊을 만큼 강렬하다.

빨강머리 네안데르탈인

예쁘지는 않지만 귀엽고 사랑스러운 주인공 앤이 활약하는 만화영화 〈빨강머리 앤〉은 우리나라에서도 많은 사랑을 받았다. 주근깨로 덮인 흰 피부와 빨강머리를 가진 고아 앤이 커스버트 남매의 농장에 입양되어 벌어지는 일들을 그렸는데, 캐나다의 소설가 루시 몽고메리의 작품 『그린게이블스의 앤』에 기반한 만화영화이다.

소설과 만화영화의 인기는 착하고 활발하며 상상력이 풍부한 앤의 성격 덕분이겠지만 흰 피부와 주근깨, 빨강머리라는 이국적인 앤의 모습도 우리나라 독자들의 눈길을 끌지 않았을까 싶다. 한국인 대부분이 검은 머리와 갈색 눈을 갖고 있기 때문에 빨강머리 앤의 모습은 분명 우리 눈에 남다르게 보인다.

앤과 우리처럼 지구 곳곳에 살고 있는 사람들의 피부색은 그야말로 다양하다. 피부색의 분포 패턴을 보면 사하라 이남 아프리카와 남인도, 오스트레일리아, 남아메리카 사람들은 대개 피부색이 어두운 반면, 북유럽과 동북아시아 사람들은 밝은 피부색을 갖고 있다. 사람들이 이토록 뚜렷하게 구분되는 피부색을 갖게 된 이유는 무엇일까?

미국 펜실베이니아주립대학교의 인류학자 니나 자블론스키Nina Jablons-ki는 피부색이 지리적으로 독특하게 분포되어 있다는 점에 주목했다. 피부색은 적도와 가까운 저위도 지역일수록 점점 더 어두워지는 경향이 뚜렷하다. 그렇다면 위도에 따라 변하는 특정한 환경 요인이 피부색의 변화를 일으킨 걸까?

자블론스키가 찾아낸 해답은 자외선이었다. 자외선은 DNA에 변화를 일으켜 돌연변이를 유발하지만 비타민 D를 피부에서 합성하기 위해서는 우리 몸이 반드시 흡수해야만 하는 빛이다. 문제는 이러한 자외선의 양이 모든 지역에 균일하지 않다는 데에 있다. 일 년 내내 햇빛이 강하고 해가 긴 적도 근처는 자외선이 늘 풍부하지만, 고위도 지역은 그 반대다. 따라서 적도 근처에 사는 사람들은 강한 자외선을 차단해서 돌연변이가 일어나지 않도록 해야 하고, 고위도 지역에 사는 사람들은 일 년 내내 자외선이 부족하기 때문에 비타민 D 합성을 위해 자외선을 더 많이 흡수하도록 해야 한다. 특히 고위도 지역의 겨울은 자외선을 흡수하기가 더 어렵다.

이를 바탕으로 자블론스키는 원래 어두운 피부를 갖고 있던 현대인이 고위도로 진출하면서 어두운 피부를 그대로 유지했을 때의 장점이 사라졌고, 반면에 피부색이 밝은 사람은 비타민 D 합성에 유리해지면서 밝은 피부색 쪽으로 자연선택이 일어났다고 주장했다. 유전학 연구는 자블론스키의 이러한 주장에 힘을 실어주었다. 피부색에 영향을 주는 것으로 알려진 여러 유전자가 유럽인에게서는 강력한 자연선택을 받았던 것으로 보이는 반면, 사하라 이남 아프리카인에게는 자연선택의 흔적이 나타나지 않았기 때문이다.

한편 *MC1R*(melanocortin 1 receptor)이라는 또 다른 유전자는 조금 다른 방식으로 자블론스키의 주장을 뒷받침한다. *MC1R* 유전자는 아미노산 317개로 이루어진 작은 단백질을 암호화한다. 이 단백질은 피부의 색소세포에서 발현되는데, 색소세포를 활성화시키는 신호인 색소세포 자극 호르몬을 받는 수신기 역할을 한다. 색소세포가 활성화되면 멜라닌 색소가 만들어지며 이 색소는 피부와 머리카락, 어두운 색의 눈동자를 만들어낸다. 따라서 *MC1R* 유전자에 돌연변이가 생겨 색소세포 자극 호르몬과 제대로 상호작용하지 못하게 되면 피부색이 옅어진다.

아프리카인에게는 어두운 색의 피부가 생명을 유지하는 데 매우 중요하기 때문에 이 유전자에 생기는 돌연변이가 자연선택을 통해 엄격하게 제거되는 반면, 자외선이 부족한 북유럽인에게는 별다른 제약이 없기 때문에 이 유전자에 돌연변이가 종종 발견된다. 만약 아프리카인에게서 이러한 돌변연이가 제거되지 않는다면 아프리카 사람들의 사망원인 1위는 아마도 피부암일 것이다. 또 흥미롭게도 이 유전자에 돌연변이가 있는 유럽인은 대부분 앤처럼 빨강머리와 매우 밝은 피부를 갖고 있고 햇빛에 노출될 경우 피부가 검게 타는 대신 주근깨가 생긴다. 어릴 때 피부가 하얀 친구들과 똑같이 해수욕을 했는데 나만 까맣게 되었다고 불평한 적이 있지 않나. 이제 충분히 마음이 누그러졌겠지만 그들은 유전적으로 그렇게

최근에 복원된 네안데르탈인. 특히 오른쪽 복원 이미지에
빨강머리와 주근깨가 잘 반영되어 있다.

생겨 먹은 거다.

여태 피부색 이야기를 장황하게 한 이유는 현대인의 피부색 연구와 네
안데르탈인 유전학이 만나는 지점에 바로 이 *MC1R* 유전자가 있기 때문이
다. 네안데르탈인은 고위도의 유럽에서 수십만 년 동안 진화한 종이다. 그
렇다면 네안데르탈인도 부족한 비타민 D를 확보하기 위해 밝은 피부색을
갖고 있었을까? 이 질문에 답하기 위해 스페인의 생물학자 카를레스 라루
에자-폭스Carles Lalueza-Fox 등은 이탈리아와 스페인에서 얻은 네안데르탈
인 시료에서 *MC1R* 유전자의 염기서열을 분석하는 데 성공했다. 놀랍게도
두 시료 모두 이 유전자의 기능을 방해하는 돌연변이를 갖고 있었다.

유럽의 네안데르탈인은 *MC1R* 유전자에 돌연변이를 갖고 있는 현대

유럽인들처럼 밝은 피부와 주근깨, 빨강머리를 갖고 있었던 걸까? 확실한 답을 얻으려면 피부색에 관여하는 여러 다른 유전자들도 분석해보아야 하겠지만 가능성만으로도 충분히 흥미진진하다.

네안데르탈인에게 수혈받아도 될까요?

혈액형은 중고교 과학 교과서에 나오는 생물학 개념 가운데 우리에게 가장 친숙한 개념 중 하나이다. 다들 자신과 가족들의 혈액형 정도는 기억하고 있지 않은가. 또 혈액형으로 성격 테스트를 하거나 연애 궁합을 본 적이 한 번쯤은 있을 것이다. 물론 이런 혈액형 성격설을 진짜 과학이라고 믿는 사람은 없을 테지만 그만큼 혈액형은 우리에게 특별한 의미를 갖는다.

혈액형이 왜 중요한지는 우리 모두 너무나 잘 알고 있다. 혈액형을 알고 있으면 혈액이 긴급하게 필요한 상황에서 생명을 살릴 수 있기 때문이다. 혈액형에 대한 연구는 수술 중 사망의 위험이 있는 환자를 살리기 위해 노력하는 과정에서 시작되었다. 오늘날에도 수혈용 혈액을 구하기 위해 헌혈을 장려하는 모습을 거리에서 쉽게 볼 수 있는데, 예전에는 환자들이 수술 도중에 피를 너무 많이 흘려서 죽는 경우가 허다했다. 그러다보니 의사들은 건강한 사람의 혈액을 수술 환자에게 보충하는 수혈을 시도하기에 이르렀다. 수혈은 많은 환자들을 살려내긴 했지만, 그중에는 안타깝게도 수혈 이후에 상태가 갑작스레 나빠져 죽는 경우도 발생했다. 왜 수혈은 이런 문제를 일으키는 걸까?

오스트리아의 의사 카를 란트슈타이너Karl Landsteiner는 1901년에 이르러서야 수혈의 비밀을 알아냈다. 사람의 혈액은 A, B, O, AB형의 네 종류가 있어서 서로 다른 종류의 혈액을 섞으면 항원-항체 응고반응이 나타나 큰 문제가 생긴다는 사실을 알아낸 것이다. 더 정확히 말하면 적혈구 표면에 있는 항체에는 A와 B 두 종류가 있는데, A형 혈액형은 A형 항원만 갖고 있고 B형 혈액형은 B형 항원만을 갖는다. AB형은 A와 B 항원을 모두 갖고 있고 O형은 항원이 없다.

우리 몸의 면역계는 자기 몸에 없는 단백질을 제거해야 할 대상으로 간주하기 때문에 A형 혈액형은 B형 항원에 대한 항체를 갖고 있고, B형 혈액형은 반대로 A형 항원에 대한 항체를 갖게 된다. AB형 혈액형은 두 항원을 다 갖고 있기 때문에 항체가 없고, O형 혈액형은 A형과 B형 항원에 대한 항체를 모두 갖고 있다. 따라서 A형 환자에게 B형이나 AB형 혈액형을 수혈하면 항체가 수혈된 적혈구의 B형 항원과 만나 혈액이 응고되는 문제가 발생한다.

ABO 혈액형은 9번 염색체에 있는 *ABO* 유전자에 의해 결정된다. 이 유전자는 적혈구 표면에 붙어 있는 당단백질에 작은 항원 조각을 붙여주는 기능을 하는데, A형 대립유전자는 A형 조각을 붙여 A형 혈액형을 만들고, B형 대립유전자는 B형 조각을 붙여서 B형 혈액형을 만든다. AB형 혈액형의 경우 부모로부터 A형과 B형 대립유전자를 하나씩 물려받기 때문에 두 종류의 항원을 다 갖게 된다. O형 대립유전자의 경우는 이 단백질을 완전히 망가뜨리는 돌연변이를 갖고 있기 때문에 어떤 조각도 붙이지 못한다. 따라서 O형 대립유전자만 갖고 있는 O형은 적혈구 표면에 항원이 없다.

흥미로운 점은 A형과 B형 혈액형을 사람만 갖고 있는 게 아니라는 사실이다. ABO 혈액형 변이는 사람과 가까운 유인원뿐만 아니라 구대륙원숭이와 신대륙원숭이 모두를 포함하는 진원류眞猿類 전체에서 흔히 발견된다. 예를 들어 오랑우탄과 긴팔원숭이, 콜로부스원숭이, 카푸친원숭이 등 다양한 영장류 종이 ABO 대립유전자를 모두 갖고 있다. 이 가운데 침팬지는 A형과 O형 대립유전자를 갖고 있다. 따라서 A형 혹은 O형 사람은 침팬지와 같은 혈액형을 가진 셈이다. 반면 고릴라는 B형 대립유전자만을 갖고 있다.

왜 이렇게 많은 영장류들이 ABO 혈액형을 서로 조금씩 다르게 갖고 있을까? 그 이유가 ABO 혈액형 변이를 이들 영장류의 공통조상으로부터 다 같이 물려받았기 때문은 아닐까? 아니면 어떤 이유인지는 알 수 없지만 ABO 혈액형 대립유전자가 돌연변이를 통해 계속 생겨났기 때문일지도 모른다.

전통적인 학설은 인류의 조상은 오직 A형 대립유전자만 갖고 있었고 B형과 O형 대립유전자는 돌연변이를 통해 나타났다고 설명한다. 이유는 영장류 중에 우리와 가장 가까운 침팬지가 B형 대립유전자를 갖고 있지 않기 때문이다. 하지만 앞서 말한 대로 고릴라는 B형 대립유전자만 갖고 있다. 따라서 전통적인 학설이 맞으려면 고릴라를 포함한 영장류들이 갖고 있는 B형 대립유전자는 사람이 가진 B형 대립유전자와 독립적으로 나타났다고 봐야 한다.

시카고대학교의 라우어 세구렐Laure Ségurel 등은 2012년『미국국립과학원회보Proceedings of National Academy of Sciences』에 발표한 논문에서 전혀 다른 해석을 제시했다. 약 2000만 년 전에 살았던 유인원의 공통조상이 A형과 B형 대립유전자를 모두 갖고 있었기 때문에 우리와 긴팔원숭이가 두 대립유전자를 모두 가지게 되었다는 설명이다. AB형인 나의 A형 대립유전자는 긴팔원숭이의 A형 대립유전자와는 사촌인 반면, 나의 B형 대립유전자와는 남남인 것이다! 이 연구에 따르면 A형과 B형 대립유전자를 모두 갖고 있었던 공통조상은 더 오래전으로 거슬러 올라갈 수도 있다. 우리의 더 먼 친척인 구대륙원숭이와 신대륙원숭이의 ABO 혈액형도 같은 방식으로 설명될 가능성이 있기 때문이다.

한편 O형 대립유전자의 역사는 다른 대립유전자들과는 사뭇 다르다. O형 대립유전자는 적혈구 표면의 당단백질에 항원 조각을 더하지 못하는 이른바 '망가진' 대립유전자라고 할 수 있다. 이처럼 유전자를 망가뜨리는 돌연변이는 무수히 많다. 반면에 A형이나 B형 대립유전자처럼 정해진 항원 조각을 더하는 기능은 특별한 종류의 돌연변이만이 해낼 수 있다. 따라서 O형 대립유전자는 만들어지기가 쉽기 때문에 영장류의 진화 과정에서 여러 차례 나타나고 없어지기를 반복했을 가능성이 크다. 느리게 가는 뻐꾸기시계를 정확하게 고치려면 손을 많이 대어야 하겠지만, 멀쩡한 시계를 고장 내는 건 막 두드리거나 떨어뜨려도 되는 이치와 같다.

그렇다면 ABO 혈액형은 왜 이렇게 오랫동안 남아 있었던 것일까? 혈액형이 생존과 번식에 별다른 영향을 끼치지 않는다면 결국 유전자 표류에 의해 A형과 B형 대립유전자 중 하나만이 남게 된다. 이렇게 한 대립유전자만 남기까지 걸리는 시간은 긴팔원숭이와 사람이 갈라진 시점인 약 2000만 년보다 훨씬 짧다. 이렇게 본다면 A형과 B형 대립유전자가 고유한 장점을 갖기 때문에 오랜 세월 자연선택의 보호를 받으며 유지될 수 있었다고 봐야 한다.

ABO 혈액형이 우리에게 어떤 이점을 주었던 걸까? 혈액형과 관련하여 알려진 흥미로운 사실 중 하나는 혈액형에 따라 특정 질병에 걸릴 확률이 다르다는 것이다. 이를테면 O형은 다른 혈액형에 비해 췌장암에 걸릴 확률이 낮은 반면 기저세포암이나 편평세포암에 걸릴 확률이 높다고 알려져 있다. 반면 A형은 위암, B형은 난소암에 걸릴 확률이 높다는 연구결과도 있다. 또한 O형은 콜레라에 감염될 확률이 높고, 감염되었을 때 증상도 다른 혈액형에 비해 심각하다고 한다. 이러한 연구결과들을 보면 각각의 대립유전자가 서로 다른 질병에 대한 저항성을 높여주기 때문에 자연선택을 통해 꾸준히 유지되었을 가능성이 충분히 있다.

네안데르탈인이 살았던 구석기시대에는 외과수술이나 수혈은 없었을 것이다. 하지만 A형과 B형 대립유전자가 유인원의 공통 조상에서 내려온 것이라면 네안데르탈인도 ABO 혈액형 변이를 갖고 있었을 가능성이 높다. 사람의 O형 대립유전자의 나이는 약 115만 년 정도로 추정되는데, 이는 현대인과 네안데르탈인이 갈라지기 훨씬 전이다. 그렇다면 현대인과 네안데르탈인은 ABO 혈액형 모두를 공유했다고 봐도 되는 걸까?

앞에서도 소개했던 라루에자-폭스 연구진은 스페인에서 발굴된 네안데르탈인 두 명의 뼈에서 ABO 유전자의 염기서열을 분석하여 그 결과를 2008년 『BMC 진화생물학BMC Evolutionary Biology』에 발표하였다. 놀랍게도 두 명의 네안데르탈인 모두 현대인과 동일한 O형 대립유전자를 갖고 있었다. 아직 네안데르탈인이 A형이나 B형 대립유전자를 갖고 있었다는 보고는 없다. 하지만 현대의 아메리카 원주민들이 O형 대립유전자만을 갖고 있는 것처럼 인구가 매우 적었던 네안데르탈인 역시 유전자 병목현상 때문에 A형과 B형 대립유전자를 모두 잃어버렸는지도 모를 일이다. 여기에 대해서는 좀 더 시간을 갖고 향후의 연구를 지켜봐야 하겠다.

네안데르탈어도 통역이 되나요?

오랫동안 서양에서는 사람이 다른 동물들과는 다른 매우 특별한 존재라고 생각해왔다. 즉 사람만이 도구를 만들어 사용할 줄 알고, 문화를 가지며, 언어를 통해 정교하게 소통을 한다는 점에서 동물과는 질적으로 다르다고 생각했다. 하지만 동물행동학 연구의 역사는 사람과 동물을 질적으로 구분할 수 있는 방법은 없다는 쪽으로 생각을 바꾸어왔다. 침팬지나 뉴칼레도니아까마귀가 사냥이나 먹이를 손질할 때 여러 가지 도구를 능숙하게 사용하고, 도구를 사용하는 방법을 학습을 통해 전파하며, 범고래가 집단마다 독특한 노래를 통해 의사소통한다는 것은 이제 널리 알려진 사실이다.

비록 언어가 사람만이 갖는 특징은 아닐지라도 이런 특징들이 언제 어떻게 진화했는지 연구하는 것은 무척 의미 있는 일이다. 현대인의 공통조상이 언어를 갖고 있었던 것은 분명해 보인다. 왜냐면 여태까지 알려진 모든 민족들은 복잡한 언어 체계를 일상적으로 사용하고 있기 때문이다.

그렇다면 지금과 같은 복잡한 언어 체계는 네안데르탈인의 조상이 아프리카를 떠난 후 진화한 것일까? 아니면 수십만 년 전에 살던 네안데르탈인과 우리의 공통조상도 언어를 갖고 있었을까? 아프리카를 떠난 현대인이 네안데르탈인을 만났을 때 그들은 어떻게 서로 의사소통을 했을까?

네안데르탈인의 골격 형태가 언어 능력에 대해 알려주는 바가 있을까? 목젖 바로 위에 있는 U자 모양의 목뿔뼈는 성대의 움직임과 밀접한 연관이 있기 때문에 언어 능력이 있었는지 알려줄 가능성이 있다. 이스라엘의 케바라 동굴에서 6만 년 전에 살았던 네안데르탈인은 현대인과 매우 비슷

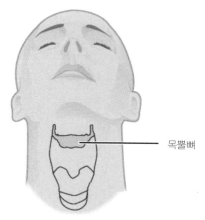

U자 모양의 **목뿔뼈**.

하게 생긴 목뿔뼈를 갖고 있었는데, 다른 영장류의 목뿔뼈와는 형태가 전혀 다르다. 이는 네안데르탈인의 성대 구조가 언어에 필요한 여러 소리를 낼 수 있었음을 암시한다.

그렇다면 유전자는 네안데르탈인의 언어 능력에 대해 무엇을 말해줄 수 있을까? 앞서 살펴본 피부색과 ABO 혈액형은 관련된 유전자들이 비교적 잘 알려져 있다. 하지만 언어 능력에 영향을 주는 유전자는 알려진 바가 많지 않다. 혈액형이나 피부색은 다양한 변이가 있어 연구가 용이하지만, 언어 능력의 경우 대부분의 사람들이 태어나 자라면서 모국어를 익히고 사용하는 데 별다른 어려움을 겪지 않기 때문에 연구에도 제약이 따른다. 언어 사용에 장애가 있는 경우 대부분은 언어 능력에 직접적인 장애가 있다기보다는 청력이 손상되었거나 언어 사용에 필요한 근육에 문제가 있기 때문이다. 따라서 이른바 '언어 유전자'는 지금까지도 베일에 싸여 있다.

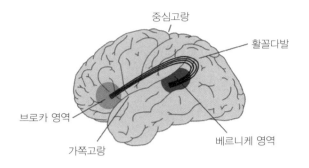

중심고랑

활꼴다발

브로카 영역

가쪽고랑

베르니케 영역

브로카 영역.

FOXP2(Forkhead box protein 2)는 지금까지 알려진 유일한 '언어 유전자'인데 희귀한 언어장애를 갖고 있는 영국의 한 가족을 통해 발견되었다. KE라는 이니셜로 통칭되는 이 'KE 가족'은 가족 구성원의 절반 정도가 언어장애를 갖고 있었고, 희한하게도 장애가 있는 가족 구성원에게서만 이 유전자에 돌연변이가 발견되었다. 이 가족을 비롯하여 *FOXP2* 유전자에 돌연변이가 있는 언어장애 환자들은 인지능력에는 문제가 없지만 말을 하기 위해 필요한 근육을 제대로 움직이지 못하는 것으로 알려져 있다. 이와 더불어 이들은 언어 능력에 중요한 역할을 한다고 알려진 뇌의 부위인 브로카 영역Broca's area이 덜 활성화된다는 것도 보고되었다.

FOXP2 유전자는 뇌가 발생하는 과정에서 중요한 역할을 담당하고 있으며 포유류 전체에 걸쳐 진화적으로 잘 보전되어 있다. 진화적으로 잘 보전되었다는 의미는 다른 유전자들과 비교해볼 때 종 사이의 염기서열 차이가 매우 적다는 것을 뜻한다. 염기서열 차이가 적으려면 돌연변이가 많이 발생하지 않아야 한다. 즉 이 유전자 자체가 망가지면 안 되는 매우 중요한 기능을 갖고 있기 때문에 진화과정에서 돌연변이가 자연선택을 통해 제거되었다고 봐야 한다. 재미있는 점은 현대인이 다른 영장류와는 달

리 *FOXP2* 유전자 단백질의 아미노산 서열을 바꾸는 돌연변이를 두 개나 갖고 있다는 사실이다. 연구자들은 사람이 갖고 있는 이 돌연변이들이 사람의 언어 능력에 획기적인 변화를 가져왔을 것으로 추측하고 있다.

그러면 현대인이 갖고 있는 두 돌연변이는 네안데르탈인과 현대인의 조상이 갈라진 후에 생겨난 것일까? 만약 그렇다면 네안데르탈인은 다른 영장류들처럼 정교한 언어를 사용하지 못했을 가능성이 높다. 이를 확인하기 위해 막스플랑크 진화인류학연구소의 요하네스 크라우제Johannes Krause는 스페인에서 얻은 네안데르탈인 뼈 두 점을 분석하였다. 결과는 매우 놀라웠다. 두 개체 모두 현대인과 같은 돌연변이를 가지고 있었다. 이 돌연변이들이 현대인의 언어 능력을 정교하게 한 원동력이라면 네안데르탈인이 이 유전자 때문에 언어를 사용하지 못했을 가능성은 없다.

그렇다면 *FOXP2* 유전자, 나아가 사람의 언어 능력은 현대인과 네안데르탈인의 조상이 갈라지기 전에 이미 자연선택을 통해 널리 퍼져 있었을까? 이러한 가설은 현대인과 네안데르탈인 모두 한결같이 두 돌연변이를 갖고 있다는 점에서 매우 그럴듯해 보인다. 하지만 시카고대학교의 그레이엄 쿱Graham Coop이 2008년 『분자생물학과 진화Molecular Biology and Evolution』에 발표한 논문은 이와는 다른 가능성을 제시했다. 현대인의 *FOXP2* 유전자에 나타나는 자연선택의 흔적은 최근 4~5만 년 사이의 것으로 추정되어 네안데르탈인과의 공통조상에서 일어났다고 보기에는 시기가 맞지 않았기 때문이다. *FOXP2* 유전자는 현대인에게서 네안데르탈인으로 전파된 것일까? 아니면 아직 알려지지 않은 돌연변이가 현대인에게만 있어서 최근에 한 번 더 자연선택을 겪었던 것일까?

목뿔뼈의 형태나 *FOXP2* 유전자의 돌연변이는 네안데르탈인이 우리처

가끔 사람의 소리를 흉내내는 천재 유인원, 칸지Kanzi.

럼 정교한 언어를 사용했는지 그렇지 않은지에 대해 아직까지 확실한 답을 주지 못했다. 즉 아직 네안데르탈어의 존재를 확신하기에는 알려지지 않은 것이 너무 많다. 하지만 지금까지의 연구성과들은 네안데르탈인의 언어 능력이 최소한 침팬지보다는 현대인과 더 가깝다고 말한다. 머지않은 미래에 네안데르탈어의 존재를 지지할 연구성과가 발표될 날을 상상해본다. 어쩌면 지금 우리가 사용하는 언어가 네안데르탈어의 흔적을 숨기고 있는지도 모를 일이다.

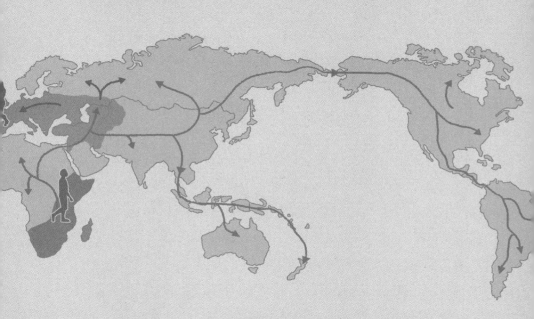

제5장

우리와 만나다

사건의 재구성

"백 투 더 패스트Back to the Past!" 뼈를 들여다보다가 질문에 대한 해답을 찾지 못할 때면 이렇게 외치면서 타임머신을 타고 주인공이 살았던 과거로 돌아가고 싶을 때가 가끔 있다. 시간여행은 영화 속에서나 일어나는 일이지만, 오늘날 우리는 세계 곳곳에서 발견된 뼈와 고고학적 유물, 그리고 옛사람의 뼈에 남아 있는 유전자를 통해 우리의 과거에 대해 많은 것을 알아내고 있다. 고인류학과 고고학, 유전학에서 이루어낸 성과를 보고 있노라면 마치 타임머신을 타고 짜릿한 시간여행이라도 하고 온 듯하다. 말로만 이럴 게 아니라 진짜로 먼 옛날 인류가 어떠했는지 과거로 돌아가보는 건 어떨까? 자, 이제 당신의 눈과 귀가 되어줄 시간여행 드론을 과거로 날려보자!

네안데르탈인의 분포 범위와 현대인과의 만남.

드론이 보내온 영상

장면 1   55만 년 전 어느 날, 아프리카의 북동쪽 끝. 한 무리의 사람들이 부지런히 짐을 싸고 있다. 이 무리는 방금 북쪽으로 이동을 결정했다. 최근 들어 다른 무리들이 근처로 옮겨와 사냥감을 놓고 서로 다툼을 벌이는 일이 부쩍 잦아졌는데, 남쪽에는 사냥감만큼이나 다른 무리들이 많이 살고 있기 때문에 북쪽으로 이동을 결정한 것이다. 북쪽은 초원이라 살기에 조금 건조할 수는 있지만, 북쪽에서 온 다른 무리와 마주친 적은 아직 없기 때문에 북쪽으로 간다면 다른 무리들과 경쟁하는 일 없이 지낼 수 있을 것 같다.

이렇게 이 무리는 그들의 조상이 늘 그랬던 것처럼 경쟁을 피하고 사냥감을 찾아 삶의 터전을 좀 더 북쪽으로 옮긴다. 그들에게는 어렸을 때 한 번쯤 겪었던 이동과 다를 바 없는 평범한 일이었다. 이 무리의 어린아이들은 앞으로 이런 이동을 몇 번 더 겪을지 모른다. 하지만 그날의 여정은 55만 년 후 사람들의 눈에는 분명 특별한 사건이다. 물방울 모양 주먹도끼를 만들어 사냥을 하고 불을 피워 어둠을 쫓는 네안데르탈인의 조상들이 바로 그날 아프리카를 떠나 아시아로 처음 들어왔기 때문이다.

장면 2   6만 년 전 어느 날, 같은 곳. 55만 년 전 그날처럼 한 무리의 사람들이 부지런히 짐을 챙기고 있다. 우리의 시간여행 드론이 촬영하고 있는 경관은 앞 장면과 무척 비슷해서, 그사이에 시간이 50만 년이나 지났다고는 생각하기 어려워 보인다. 아마 처음에는 같은 날, 같은 장소라고 착각할지도 모른다. 하지만 두 장면을 자세히 들여다보면 다른 점들이

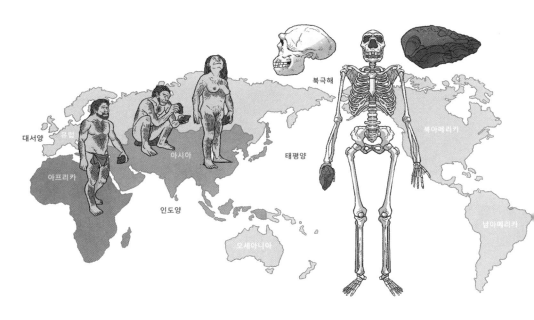

'곧선사람'으로 우리에게 알려진 호모 에렉투스는 맨 처음으로
아프리카를 떠났던 인류의 조상이다.

눈에 띈다. 50만 년 전 사람들에 비해 이 사람들은 어쩐지 생김새가 조금
더 낯이 익고 친숙해 보인다. 이들은 우리와 같은 종인 해부학적 현대인,
즉 호모 사피엔스이기 때문이다. 이들이 사용하는 석기의 모양도 커다란
주먹도끼와 비교해보면 훨씬 더 작고 정교해 보인다. 이들은 오늘 길을 떠
나 북쪽으로 올라갈 계획이다. 50만 년 전 아프리카를 떠났던 무리처럼 이
무리도 이제 아시아로 들어설 것이고, 어쩌면 우리 조상들 중 몇몇도 이
무리에 섞여 아시아로 들어왔을지 모른다.

장면 3　　　　　그로부터 몇 달 뒤, 아시아의 남서쪽 끝. 시간여행 드론
은 언덕배기 동굴에 있는 네안데르탈인 무리를 찾아냈다. 어찌된 일인지

이들은 지금 잔뜩 흥분하고 긴장한 모습이다. 사냥감을 따라 멀리 남쪽까지 내려갔던 사냥꾼들이 다른 무리와 마주쳤던 모양이다. 무리의 어른들도 여태껏 남쪽에 다른 무리가 살고 있다는 이야기를 들어본 적은 없었다. 더군다나 알아들을 수 없는 이상한 말을 하고 생김새도 이상하다고 한다. 다시 마주치면 공격해야 할까, 아니면 일단 피해야 할까? 다행인 것은 그들이 물어뜯고 싸우기를 원하는 것처럼 보이지는 않는다는 점이었다. 사냥꾼들을 공격하지도 않았고, 붉게 칠한 넓적한 판 같은 것을 가죽끈으로 잔뜩 꿴 물건을 선물로 넘겨주기까지 한 것을 보면 조심스레 접근해보아도 괜찮을 것 같다.

장면 4　　　30년 후, 같은 곳. 네안데르탈인 무리는 근처 다른 동굴로 자리를 옮겨서 살고 있다. 언뜻 보기에는 30년 전과 그다지 달라진 것이 없어 보이지만, 금세 한 가지 차이가 눈에 띈다. 굵고 땅딸막한 모습에 밝은 피부를 갖고 있는 네안데르탈인들 사이로, 마른 체형에 검은 피부를 가진 사람들이 섞여 있다. 이들은 몇 세대 전 아프리카를 떠나 아시아로 들어온 해부학적 현대인의 후손들이다. 30년 전 네안데르탈인들을 놀라게 했던 이 사람들은 네안데르탈인의 눈에 여전히 신기하게 비치지만 협동과 양보를 하며 지내면서 인간미 넘치는 이웃으로 자리잡았다. 이런저런 물건과 식량, 기술을 서로 나누며 왕래하고 때로는 짝을 만나 무리를 옮기는 사람들도 생겨났다.

장면 5　　　약 4만 5000년 전. 우리의 시간여행 드론은 유라시아 대륙 곳곳을 돌아다니고 있다. 중동을 통해 유라시아 대륙으로 들어온 해부학적 현대인의 후손들은 이제 유럽과 아시아 곳곳으로 퍼져나가는 중이다. 하지만 이들은 그들만의 후손이 아니다. 해부학적 현대인이 처음 중동에 발을 들여놓았을 때 그들을 맞이했던 네안데르탈인 역시 이들의 조상이다. 새로운 인류는 두 조상 집단의 유전자를 조상들이 미처 가보지 못했던 먼 곳까지 실어 나르고 있다.

시간여행 드론은 이제 현재에 가까운 시간대로 돌아오고 있다. 머지않아 네안데르탈인은 중동과 유럽 모두에서 사라져버리고, 지구상에는 오직 해부학적 현대인, 즉 우리만이 남게 될 것이다. 하지만 네안데르탈인과 다른 고인류들이 모두 사라진 다음에도 우리는 끊임없이 나뉘고, 움직이고, 다시 섞이는 일을 반복한다.

우리 모두의 고향, 아프리카

우리는 방금 가상의 시간여행 드론이 전송한 영상을 통해 인류 역사의 중요한 몇몇 순간들을 엿볼 수 있었다. 하지만 안타깝게도 우리는 인류의 역사를 연구하기 위해 시간여행 드론을 이용하는 호사를 누릴 수 없다. 그렇다면 방금 우리가 본 영상들은 모두 근거 없는 상상에 불과한 것일까? 만약 누군가 그렇게 이야기한다면, 잔뜩 흥분해서 반박하는 학자들을 보게 될지도 모른다.

인류의 과거를 연구하는 작업은 늘 불확실성으로 가득 차 있지만, 그럼에도 학자들은 연구를 통해 뼈대가 되는 중요한 사건들을 별다른 이견 없이 재구성하는 데에 성공했다. 특히 고고학, 고인류학, 유전학의 최신 연구성과들은 이러한 재구성을 탄탄하게 뒷받침한다. 우리가 본 가상의 영상은 이러한 연구결과에 바탕하여 재구성한 것으로, 실제로 시간여행을 할 수 있게 된다면 이와 비슷한 장면을 볼 수 있을지도 모른다.

이제부터 우리는 앞에서 살짝 엿본 장면들 속으로 더 깊숙이 들어가 우리와 네안데르탈인의 관계에 대해 큰 그림을 그려나가고자 한다. 이를 위해 유전학의 최근 연구들을 소개하고 유전자 변이를 통해 인류의 과거를 들여다보는 방법도 알아볼 것이다.

미토콘드리아 이브는 아프리카에 살았다

유럽인들이 대항해시대를 맞아 지구상 곳곳을 찾았을 때, 그들을 맞이한 것은 주인 없는 땅이 아니라 아주 오래전부터 그 땅에 살고 있었던 원주민이었다. 얼어붙은 북극해 주변은 물론이고, 다른 대륙들과 수억 년 동안 떨어져 있었던 오스트레일리아, 심지어 가장 가까운 육지와 2000킬로미터나 떨어져 있는 이스터섬도 예외는 아니었다. 이처럼 사람들은 산업사회 이전에도 이미 거의 모든 대륙과 섬에 정착해 살아가고 있었다.

그렇다면 언어와 문화는 물론 생김새까지 서로 판이하게 다른 이 사람들의 조상은 어디에서 왔을까? 이들은 모두 같은 조상의 후손일까? 그게 아니라면 이들의 조상은 언제부터 각자의 고향에서 살고 있었을까? 많은 독자들이 여행지에서 낯선 모습의 외국인들을 바라보며 이 사람들은 누구인지, 이들의 조상은 누구였는지 꼬리에 꼬리를 물고 질문을 거듭해본 적이 있을 것이다. 글로 기록되지 않은 인간의 역사를 알아내고자 하는 욕망은 여러 민족들의 신화와 전설뿐만 아니라, 인류학과 고고학, 집단유전학 등의 현대 학문에도 깊게 뿌리내리고 있다.

네안데르탈인을 발견하면서 시작된 고인류학은 현대인, 즉 우리의 기원을 설명하기 위해 여러 가지 가설을 제시하였다. 이 중 대표적인 두 가지 가설이 '다지역 기원설'과 '최근 아프리카 기원설'이다. 두 가설 모두 인류가 사하라 사막 이남의 아프리카에서 기원했고, 유럽과 중동의 네안데르탈인과 아시아의 호모 에렉투스는 현대인이 나타나기 훨씬 전에 유라시아로 이주한 고인류의 후손이라는 점에 동의한다. 아프리카에서 인류가 기원했다고 보는 이유는 가장 이른 시기의 현대인 화석뿐만 아니라 현대인 이전의 다양한 고인류 화석이 이 지역에서 출토되었기 때문이다.

두 가설의 가장 큰 차이점은 현대인과 그 이전에 존재했던 다양한 고인류들 간의 관계에 있다. 다지역 기원설은 유라시아와 아프리카에 살던 고인류 집단들이 꾸준한 이주를 통해 유전자를 서로 주고받아 왔다고 주장한다. 또 현대인은 세계 각지에 존재하고 있던 고인류 집단들로부터 동시에 진화했다고 설명한다.

인접한 집단들이 너무 높지도 낮지도 않은 수준으로 유전자를 교환해 온 덕분에 유라시아와 아프리카의 고인류가 완전히 다른 종으로 분화하지는 않았지만, 동시에 그 지역에 이미 존재하고 있던 고인류로부터 진화가 일어났기 때문에 지역적인 차이 역시 오랜 세월에 걸쳐 축적되고 유지될 수 있었다는 것이 다지역 기원설의 핵심이다. 따라서 이 가설은 같은 지역의 고인류와 현대인 사이의 유전적·형태적 연속성을 강조한다.

반면에 '최근 아프리카 기원설'은 현대인이 사하라 이남의 아프리카에서 진화하여 최근 10만~5만 년 전 사이에 유럽과 아시아로 퍼져나가기 시작했고, 이 과정에서 유라시아에 먼저 이주해와서 살던 고인류는 현대인의 조상이 되지 못하고 사라졌다고 주장한다. 따라서 이 가설에 따르면 아프리카 밖에 사는 현대인 집단들은 최근 10만~5만 년 전 사이에 분화했기 때문에 유전적으로 서로 매우 가깝지만, 이미 그 지역에 살고 있었던 고인류와는 아무런 관계가 없다고 봐야 한다. 고인류와 현대인 사이의 관계에 관한 이 논쟁은 뼈에 남아 있는 형태적 특징들의 '지역적 연속성'을 중심으로 수십 년간 지속되었지만, 이를 해결할 중요한 실마리는 전혀 다른 학문 분야에서 1980년대 후반에 등장하였다.

1980년대에 이르러 분자생물학 분야의 실험기법들이 발전하면서, 미토콘드리아 DNA 염기서열을 해독하고 비교하는 것이 가능해졌다. 하와이대학교 마노아 캠퍼스의 생물학자 레베카 칸Rebecca Cann은 이를 이용해 현대인의 기원과 여러 민족들 사이의 관계를 연구한 선두주자 가운데 한 명이다. 칸은 1987년 『네이처』에 발표한 논문에서 아프리카, 아시아, 유럽, 오스트레일리아 및 뉴기니에서 수집한 147명의 미토콘드리아 DNA 염기서열의 계통수를 재구성하여 두 가지 놀라운 사실을 발견했다.

첫 번째는 계통수상의 가지 대부분은 오직 아프리카인들로만 이루어진 반면, 아프리카 밖의 모든 사람들은 단 하나의 가지에 속해 있다는 점이다. 비아프리카인들이 속한 가지에는 일부 아프리카인들도 포함되어 있다. 즉 모든 비아프리카인들은 비교적 최근에 존재했던 공통조상의 자손인 반면, 아프리카인들은 훨씬 더 다양하고 오래된 미토콘드리아 계통들을 보유하고 있다. 이 가지치기 패턴은 현대인이 아프리카에서 기원했고, 아프리카에서 출발한 작은 이주민 집단이 현재 유럽과 아시아, 오스트레일리아를 포함하는 모든 비아프리카인들의 조상임을 뚜렷하게 보여준다.

칸이 발견한 두 번째 사실은 학계를 더욱 술렁이게 만들었다. 칸은 아프리카인과 비아프리카인을 모두 포함한 미토콘드리아 DNA 염기서열이 하나의 공통조상으로 유합coalescence하는 시간, 즉 '가장 가까운 공통조상 the Most Recent Common Ancestor(MRCA)'의 나이를 약 29만 년 전에서 14만 년 전 사이로 추정하였다. 모든 비아프리카인 미토콘드리아 DNA 염기서열의 공통조상은 이보다도 훨씬 최근인 22만 년 전에서 6만 년 전 사이에 살았던 것으로 추정되었다. 최신 연구들은 더욱 정확한 추정치들을 보여주는데, 모든 현대인 미토콘드리아 DNA 염기서열의 조상은 약 15만 7000년 전, 모든 비아프리카인이 속한 가지의 공통조상은 약 7만 8000년 전으로 거슬러 올라간다.

모든 현대인 미토콘드리아의 공통조상, 즉 '미토콘드리아 이브'의 나이가 16만 년, 모든 비아프리카인 미토콘드리아의 공통조상의 나이가 8만 년 정도밖에 되지 않는다는 것은 다지역 기원설에 큰 타격을 준 반면에 최근 아프리카 기원설에 무게를 실어주었다. 만약 다지역 기원설이 주장하는 것처럼 아프리카 밖의 현대인들이 100만 년 이전부터 그 지역에 살던 고인류의 후손이라면 이들 모두의 모계 공통조상은 적어도 100만 살은 되어야 하기 때문이다.

따라서 미토콘드리아 이브의 나이가 8만 년 정도밖에 되지 않는다는 점을 설명하려면 아프리카 밖의 고인류는 최소한 모계 쪽으로는 현대인의 유전자 풀에 기여하지 못했다는 것을 인정할 수밖에 없다. 미토콘드리아 연구는 모든 현대인의 모계 쪽 조상인 미토콘드리아 이브가 네안데르탈인과는 관계없는 아프리카 출신이라는 점을 분명히 보여준다.

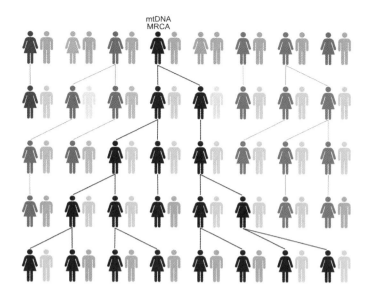

미토콘드리아 이브 찾기.

🔬 미토콘드리아로 조상 찾기!

미토콘드리아는 세포의 에너지를 생산하는 공장에 비유될 수 있다. 음식에서 흡수된 영양소는 미토콘드리아에 있는 효소들을 거쳐 우리 몸의 에너지 화폐인 아데노신삼인산adenosine triphosphate(ATP)을 합성하는 데에 쓰인다. 우리와 같은 진핵생물의 세포는 크고 복잡하며, 막으로 둘러싸인 여러 소기관들을 갖고 있다. 그중 세포핵은 생물의 유전정보를 저장하는데, 유전정보는 제4장에서 알아본 것처럼 DNA라는 물질에 담겨 있다. 미토콘드리아는 핵보다 훨씬 작은 세포 소기관으로, 우리 몸의 세포는 두 겹의 막으로 둘러싸인 이 작은 공장을 수백 개 내지 수천 개씩 갖고 있다.

미토콘드리아의 구조와 기능을 연구하던 생물학자들은 미토콘드리아가 여타 세포 소기관과 크게 다른 점 하나를 알아내는데, 바로 미토콘드리아가 고유의 유전물질을 갖고 있다는 사실이다. 사람의 미토콘드리아는 약 1만 6600개의 염기쌍으로 이루어진 조그만 DNA를 갖고 있다. 조그맣다니! 1만 6600개의 염기쌍이 작단 말인가? 사람의 핵 유전체가 약 30억 개의 염기쌍을 가지고 있으니 그에 비하면 20만 분의 1, 즉 0.0005퍼센트에 불과하다는 말이다.

흥미롭게도 미토콘드리아 DNA는 어머니에게서 자식으로만 전달된다. 정자와 난자가 만나 수정란이 만들어질 때 정자의 미토콘드리아는 난자 안으로 들어오지 못하기 때문이다. 또한 유전자 재조합이 일어나지 않기 때문에 자식이 물려받은 미토콘드리아 DNA의 염기서열은 돌연변이가 일어나지 않는 한 어머니의 것과 똑같다. 따라서 집단유전학자들은 1980년대부터 미토콘드리아 DNA를 연구하여 현대인의 기원과 여러 집단 사이의 관계를 모계 쪽으로 연구해왔다.

집단유전학자들은 미토콘드리아 DNA에 담겨 있는 정보를 어떻게 해독하는 것일까? 이를 이해하기 위해 아래에 있는 가계도를 살펴보도록 하자. 이 가계도는 현대인 다섯 명의 미토콘드리아 DNA 사이의 관계를 보여준다.

다섯 개의 염기서열을 모계로 거슬러 올라가면서 조상을 추적해나가면 어떻게 될까? 세대를 거슬러 점점 더 올라가다 보면 때때로 두 염기서열이 같은 조상의 자손일 때가 있을 수 있다. 이를테면 다섯 명 중에 이종사촌이 있다면 두 세대를 거슬러 올라가 한 조상(외할머니)을 공유하게 된다. 이처럼 세대를 거슬러 염기서열의 조상을 추적해나갈 때 두 서열이 한 조상을 만나 합쳐지는 것을 유합이라고 부른다.

염기서열이 유합하는 순서, 즉 가계도의 가지치기 패턴은 가계도가 담고 있는 중요한 정보이다. 가계도 1-A에서 염기서열 다섯 개의 조상을 추적해나가다 보면 제일 처음 A와 B가 만나 유합하게 된다. 이 시점부터는 추적

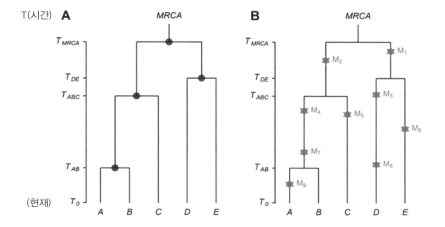

가계도 1 　가상의 다섯 개(A～E) 미토콘드리아 염기서열의 가계도. (A) T_0은 현재, 그 밖의 시
간들은 표시된 염기서열들의 가장 최근 공통조상이 있었던 시간을 나타낸다. (B) 가
상의 미토콘드리아 염기서열 A～E에서 나타나는 아홉 개의 다형성(✸). 둘 이상의
염기서열의 공통조상에서 나타난 돌연변이는 모든 자손에게 대물림되기 때문에, 이
를 이용해 가계도를 재구성할 수 있다.

할 계통이 네 개로 줄어든다. 그 다음에는 A/B와 C가 유합하는데, 이 시점
부터는 추적할 계통이 세 개가 된다. 이와 같이 유합이 한 번 일어날 때마다
추적할 계통의 숫자는 하나씩 줄어든다. 따라서 네 번의 유합이 일어나면
다섯 명 모두의 공통조상이 되는 첫 번째 염기서열, 즉 '가장 가까운 공통조
상MRCA'을 만나게 된다.

　　여러 염기서열의 가계도를 거슬러 올라갈 때 언젠가 한 명의 공통조상을
만난다는 사실은 염기서열의 개수나 지리적 범위와 관계없이 언제나 성립
한다. 가계도 1-A의 가지치기 패턴을 보면 A와 B가 가장 최근(T_{AB})에 공통
조상을 갖고, A, B, C의 공통조상은 이보다 더 먼 과거(T_{ABC})에 존재한다는
것을 알 수 있다. 즉 가지치기 패턴은 A와 B는 C에 비해 서로 더 가깝다는
것을 보여준다.

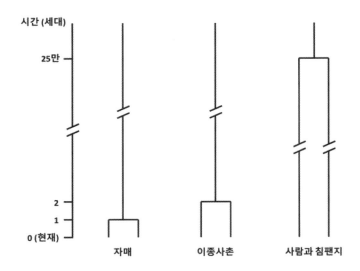

가계도 2 　미토콘드리아 염기서열 두 개의 가계도. 세 가계도 모두 두 미토콘드리아 염기서열
　　　　이 공통조상에서 유합하는 동일한 형태지만 공통조상을 만나는 시간 즉 높이가 다
　　　　르다. 왼쪽 가계도는 자매, 가운데는 이종사촌. 오른쪽은 사람과 침팬지의 경우를
　　　　보여준다.

　　가지의 길이 역시 가계도에서 놓쳐서는 안 될 중요한 정보이다. 가지치기 패턴이 동일하더라도, 가지의 길이가 다르다면 가계도의 절대적인 크기와 모양이 크게 달라질 수 있기 때문이다. 가계도 2는 염기서열 두 개가 포함된 간단한 가계도를 보여준다. 왼쪽 가계도는 자매의 미토콘드리아 염기서열 가계도로, 두 서열은 한 세대 전에 공통조상인 어머니에서 유합하기 때문에 가계도의 높이는 1이다.

　　가운데 가계도는 이종사촌의 미토콘드리아 염기서열 가계도이다. 두 서열은 두 세대 전에 공통조상인 외할머니에서 유합하기 때문에 이번에는 가계도의 높이가 2가 된다. 마지막으로 오른쪽 가계도는 사람과 침팬지의 미토콘드리아 염기서열을 보여준다. 모양은 똑같지만 공통조상에 도달하는 데에 필요한 가계도의 높이는 수십만 세대나 될 것이다.

과학자들은 실험을 통해 미토콘드리아 염기서열을 직접 관찰할 수 있지만, 여러 염기서열의 가계도는 오직 통계적 추론을 통해서만 재구성할 수 있다. 유전학자들은 염기서열의 가계도를 재구성하기 위해 이들 사이에 서로 차이 나는 염기서열, 즉 돌연변이를 이용한다. 조상이 갖고 있던 돌연변이는 모든 후손들에게 대물림되기 때문에 두 염기서열이 같은 돌연변이를 갖고 있다는 것은 이 돌연변이가 두 서열의 공통조상에서 생겨났다는 것을 뜻한다.

돌연변이를 이용해 염기서열 사이의 관계를 알아내는 구체적 방법을 가계도 1-B를 이용해 살펴보자. B는 A와 동일한 가계도인데, 이 가계도상에서 일어난 돌연변이 아홉 개를 추가로 보여준다. 예를 들어, 염기서열 A는 2, 4, 7, 9번 돌연변이(M2, M4, M7, M9)를 갖고 있고, B는 2, 4, 7번 돌연변이(M2, M4, M7)를 갖고 있다. A와 B가 2, 4, 7번 돌연변이를 공유하고 있는 반면, 염기서열 D는 A나 B와 어떤 돌연변이도 공유하지 않기 때문에 우리는 A와 B 사이의 관계가 A와 D, 또는 B와 D 사이의 관계에 비해 더 가깝다는 것을 알아낼 수 있다. 마찬가지로 C는 2번 돌연변이 M2를 A, B와 공유하지만 오직 A와 B만이 4, 7번 돌연변이(M4, M7)를 갖고 있기 때문에 A와 B가 A와 C 또는 B와 C에 비해 서로 더 가깝다는 것을 알 수 있다.

유전체학 혁명

21세기가 시작될 무렵 생물학계의 가장 큰 화두는 '휴먼 게놈 프로젝트'였다. 이 프로젝트의 목표는 30억 개의 염기쌍으로 이루어진 사람의 유전체, 즉 게놈genome의 전체 염기서열을 해독하는 것이었다. 1990년에 공식적으로 시작된 이 프로젝트에는 무려 4억 달러 가까운 예산이 투입되었고, 2003년에 거의 완벽한 인간 유전체 지도를 공개하는 것으로 프로젝트가 완료되었다.

휴먼 게놈 프로젝트는 인간 유전체의 구조를 상세하게 밝힘으로써, 이전까지 개별 유전자 위주로 단편적으로 진행되어왔던 유전학 연구의 맥락을 혁명적으로 바꾸어놓았다. 사람 유전체에서 네 종류의 염기가 차지하는 비율, 단백질을 암호화하는 유전자의 개수와 분포 등 거시적 정보는 물론이고, 어떤 유전자가 어느 염색체의 어디에 있는지, 그 유전자의 구조는 어떤지, 또 이웃한 유전자는 무엇인지와 같은 개별 유전자에 대한 정보까지 대량으로 제공하였기 때문이다.

이전까지 유전학 연구를 하려면 가장 먼저 연구대상이 되는 유전자의 위치를 대략적으로 확인하기 위해 지루한 실험을 반복해야만 했는데, 휴먼 게놈 프로젝트에서 이 작업을 모두 대신해준 셈이다. 이런 맥락에서 휴먼 게놈 프로젝트 이후 인류유전학 연구가 빠르게 발전한 건 당연한 결과이다.

흔히들 이제 휴먼 게놈 프로젝트가 완성되었으니 유전자에 대해 모든 걸 알아냈다고 생각하겠지만 이는 오해다! 완성된 지도를 갖고 어디로든 갈 수는 있겠지만 지도에 표시된 부호의 의미를 모두 알아낸 것은 아니기 때문이다. 유전학자들이 진정 알고자 하는 것은 사람들 사이의 유전적 차이가 어떻게 개인의 특성에 영향을 주는지에 대한 것이다.

이를테면 왜 어떤 사람들은 키가 크고, 다른 사람들은 작은지? 왜 어떤 사람들은 치료약에 잘 반응하는데, 어떤 사람들은 약에 잘 반응하지 않는 내성을 갖는지? 왜 어떤 집안에서는 자주 암 환자가 생기는데, 다른 집안은 그렇지 않은지? 휴먼 게놈 프로젝트가 마무리된 후 유전학자들은 사람들 사이의 서로 다른 유전자 부위, 즉 유전적 변이를 연구하는 작업에 집중하고 있다.

유전체에 흩어져 있는 수많은 변이를 빠르고 정확하게 연구할 수 있는 유전체학 기술이 발전하면서 전 세계 여러 민족의 기원과 관계를 유전자를 통해 알아내려는 연구 또한 활발히 진행되었다. 미토콘드리아 DNA보다 거의 20만 배나 큰 상염색체 자료는 인류의 과거에 대해 훨씬 더 많은 정보를 담고 있다. 상염색체 자료를 이용한 연구들 가운데 가장 유명한 사례를 꼽자면 '인간 유전체 다양성 프로젝트Human Genome Diversity Project(HGDP)'를 들 수 있다. 스탠퍼드대학교의 저명한 유전학자 루이기 카발리-스포르차Luigi Cavalli-Sforza와 마커스 펠드먼Marcus Feldman이 주축이 된 이 프로젝트에서는 세계 각지의 총 51개 집단에서 방대한 상염색체 변이 자료를 수집하였다.

그렇다면 인간 유전체 다양성 프로젝트를 포함한 다수의 상염색체 변이 연구를 통해 과학자들은 인류의 역사에 대해 어떤 밑그림을 그리게 되었을까? 가장 중요한 발견을 꼽자면, 상염색체 변이 자료가 앞에서 소개한 인류의 '최근 아프리카 기원설'을 강력하게 지지한다는 점을 들 수 있다. 우선 사람은 다른 종들과 비교해보았을 때 유전적 다양성 및 집단 간 분화 정도가 매우 낮은데, 이는 빠르게 영역을 확대한 젊은 종, 즉 진화의 역사가 비교적 짧은 종한테서 나타나는 현상이다. 실망스러울지 모르겠지만 진화사에서 사라져간 다른 무수한 종들에 비해 우리 종의 역사는 결코 길지 않다!

여러 민족 간의 유전적 분화 정도가 매우 낮다는 주장은 서로 확연히 외모가 다른 사하라 이남 아프리카인과 유럽인, 동아시아인을 떠올려보면 언뜻 납득하기 어려울 수도 있다. 하지만 겉으로 드러나는 피부와 머리카락, 눈동자색 및 체형과 같은 형질들은 알고 보면 예외적인 형질들로, 자연선택에 의해 빠르게 진화한 대표적 사례들이다. 이런 일부의 예외적인 사례들을 제외하면, 대부분의 형질들과 유전적 변이들은 유전자 표류를 통해 무작위적으로 느리게 진화한다. 그 결과, 현대인의 유전적 다양성 중 집단 간 차이로 돌릴 수 있는 부분은 겨우 5~7퍼센트에 불과하다. 쉽게 말하면 한국 사람 두 명의 유전적 차이를 100이라고 했을 때, 한국 사람과 독일 사람의 유전적 차이는 그것보다 아주 조금 더 큰 105 정도인 셈이다!

상염색체 연구가 찾아낸 '최근 아프리카 기원설'의 또 다른 강력한 근거는 사하라 이남 아프리카에서 멀리 떨어진 집단일수록 유전적 다양성이 낮다는 것이다. 이것은 현대인이 사하라 이남 아프리카에서 기원하여 빠른 속도로 퍼져나갔을 경우에 나타나는 현상이다. 유전적 다양성을 측정하는 중요한 척도로 이형접합도heterozygosity라는 것이 있다. 이형접합도는 한 사람의 유전체에서 어머니 쪽에서 물려받은 염기와 아버지 쪽에서 물려받은 염기가 서로 다른 비율을 나타내는 값이다.

사하라 이남 아프리카인의 경우 이형접합도가 약 0.11퍼센트 정도인 반면, 유럽인과 동아시아인의 경우는 0.08~0.09퍼센트로 아프리카인에 비해 낮고, 지리적으로 가장 먼 지역인 아메리카 및 오세아니아 원주민의 경우에는 0.07퍼센트 수준으로 이형접합도가 유럽과 동아시아인보다 더 낮다. 아프리카인의 이형접합도가 가장 높다는 것은 그 집단의 유전적 다양성이 가장 높다는 말이며, 그 말은 곧 그 지역이 기원지일 가능성이 높다는 의미이다.

이와 같이, 유전체학 혁명과 함께 급증한 상염색체 변이 연구는 미토콘드리아 및 Y염색체 연구와 마찬가지로 현대인의 최근 아프리카 기원설을 뒷받침하는 강력한 증거들을 제공하였다. 반면 전형적인 다지역 기원설, 이를테면 유럽의 네안데르탈인과 동아시아의 호모 에렉투스가 현대 유럽인과 동아시아인의 유전자 풀에 크게 기여했다는 주장은 현대인의 유전자 연구를 통해 설 자리를 잃어버렸다.

타임캡슐을 열다: 네안데르탈인 유전체 해독

지금까지 우리는 현대인의 유전자 연구를 통해 '최근 아프리카 기원설'이 현대인의 유전적 특징들을 '다지역 기원설'에 비해 더 잘 설명하고 있음을 살펴보았다. 살펴본 바에 따르면 네안데르탈인을 비롯한 고인류가 현대인의 유전자 풀에서 큰 지분을 차지할 가능성은 거의 없어 보인다. 그렇다면 네안데르탈인은 정말 현대인에게 어떠한 유전자도 물려주지 못하고 사라져버린 걸까?

지금까지 살펴본 유전자 연구들을 생각해보면, 우리의 조상 중 네안데르탈인이 일부 섞여 있지 않을까 하는 질문을 끊임없이 던지는 것이 참 이상해 보일지 모르겠다. 또 우리와 네안데르탈인은 생김새부터 판이하게 다르니 네안데르탈인 유전자도 쉽게 구분할 수 있을 거라고 생각할 수 있다. 하지만 우리 몸속에 네안데르탈인 유전자가 있는지 없는지 알아내는 것은 생각만큼 쉬운 일이 아니다.

우리 안에 섞여 있을지 모를 네안데르탈인의 유전자를 찾아내는 작업은 바구니 속의 구슬 찾기와 비슷하다. 먼저 구슬이 한 가득 담겨 있는 바구니가 있다고 치자. 이 바구니에 담긴 구슬은 모두 지름이 10밀리미터다. 이제 여기에 지름이 조금 더 큰 11밀리미터짜리 구슬을 한 줌 넣고 잘

섞는다. 이 바구니에서 지름 11밀리미터짜리 구슬을 모조리 찾아서 몇 개인지 알아내는 일이 과연 쉬울까? 어지간히 눈썰미가 좋은 사람이 아니고서야 불가능해 보인다.

현대인의 유전체에 섞여 있을지도 모르는 네안데르탈인 유전자를 찾는 작업도 이 구슬 찾기 못지않게 어려운 일이다. 지름이 10밀리미터와 11밀리미터인 구슬처럼, 네안데르탈인과 현대인의 유전적 차이는 아주 작은 편이기 때문이다. 반면 침팬지 유전자가 사람 유전자들 사이에 섞여 있다면 이를 찾아내는 일은 지름이 두 배나 큰 구슬을 찾아내는 것처럼 훨씬 더 쉬울 것이다. 조금 더 나아가 토마토 유전자가 섞여 있다면? 아마 흰 구슬 더미 위에 앉아 있는 고양이를 찾는 것만큼이나 쉬울 것이다.

조금 더 큰 구슬 찾기 과제로 다시 돌아가보자. 눈으로 11밀리미터짜리 구슬을 찾아내는 대신에, 10.5밀리미터짜리 구슬까지만 통과할 수 있는 체를 사용한다면 어떨까? 10밀리미터짜리 구슬들은 쉽게 체를 빠져나가겠지만, 11밀리미터짜리 구슬은 빠져나가지 못하고 남을 것이다. 그러고 나면 남아 있는 큰 구슬이 몇 개인지 알아내는 일은 무척이나 쉬울 것이다. 현대인의 유전체에서 네안데르탈인 유전자를 걸러낼 수 있는 체가 있다면 어떨까? 이런 체 구실을 할 수 있는 것이 바로 네안데르탈인 유전체이다. 우리 안의 네안데르탈인 유전자는 다른 현대인 유전자보다 네안데르탈인이 갖고 있던 네안데르탈인 유전자와 훨씬 비슷할 것이기 때문이다.

수만 년 전에 지구상에서 사라져버린 네안데르탈인의 유전체를 해독한다는 것은 불과 십수 년 전까지만 하더라도 허무맹랑한 상상으로 치부되었을 생각이다. 하지만 한 연구자의 재능과 집념이 비약적인 기술 발전이라는 '퍼펙트 스톰'을 만난 2010년에 이 상상은 현실이 되었다. 그리고 그 결과, 2010년 이후의 인류 진화유전학은 이전과는 완전히 다른 궤적을 그리게 된다.

당신은 2퍼센트 네안데르탈인

독일 라이프치히에 있는 막스플랑크 진화인류학연구소는 네안데르탈인을 필두로 한 고인류의 유전학 연구로 유명한 곳이다. 이 연구소의 소장인 스반테 페보Svante Pääbo는 고古유전체 분야의 개척자라 불러도 손색이 없는 인물인데, 현재까지 모든 고인류 유전체 연구는 페보 연구진의 주도하에 이루어졌다고 해도 과언이 아닐 정도이다. 늘 새롭고 놀라운 결과를 만들어내고 있는 이 연구소에서도 2010년은 특별한 해였다. 페보 연구진이 그해 5월, 네안데르탈인 유전체 초안을 『사이언스』에 발표했기 때문이다.

네안데르탈인 미토콘드리아 DNA에 대해서는 이전에도 어느 정도 자료를 얻어낸 바 있지만, 미토콘드리아 DNA를 30억 염기쌍에 달하는 핵 유전체가 담고 있는 정보의 양과 비교할 수는 없다. 과연 해부학적 현대인과 네안데르탈인 사이에는 어떤 유전적 차이가 있었을까? 오늘날까지 우리는 살아남고 네안데르탈인은 사라진 원인에 유전적 적응이 한몫했던 것은 아닐까? 네안데르탈인은 정말 현대인의 유전자에 아무런 기여도 하지 못하고 사라진 것일까? 네안데르탈인 유전체 초안은 이 큼직한 질문들에 답을 줄 수 있는 정보들을 한가득 담고 있는 보물 창고나 마찬가지였다.

네안데르탈인 핵 유전체를 분석한 결과는 전반적으로 미토콘드리아

DNA를 이용한 결과와 일치하였다. 우선, 지구상에 지금 살고 있는 사람들은 어디에서 왔든지 네안데르탈인보다는 다른 현대인과 훨씬 가깝다. 가장 오래전에 다른 현대인 집단들과 갈라진 것으로 추정되는 아프리카의 수렵채집인인 산San족이나 피그미Pygmy족의 경우에도 마찬가지였다. 네안데르탈인과 현대인 사이의 유전적 차이가 현대인들 사이의 유전적 차이보다 훨씬 컸다.

이러한 유전적 차이에 따르면, 네안데르탈인은 플라이스토세 중기인 약 59만~55만 년 전에 현대인 계통과 갈라져서 먼저 아프리카 밖으로 이주하였다고 추정된다. 반면에 현대인은 가장 오래된 계통인 산족과 나머지 집단이 미토콘드리아 이브의 나이로 봤을 때는 16만 년 전쯤, 상염색체 연구로 봤을 때는 20만 년 전쯤에 갈라졌을 것으로 추정된다. 이로써 네안데르탈인은 모든 현대인의 먼 사촌이라는 것이 더욱 확실해졌다.

브로드 연구소Broad Institute의 닉 패터슨Nick Patterson은 'D 통계량'이라는 값을 분석하여 네안데르탈인과 현대인 사이의 놀라운 관계를 알아냈다. D 통계량은 현대인 두 집단 중 어느 쪽이 네안데르탈인과 더 가까운지를 측정하는 값이다. 만약 모든 현대인이 네안데르탈인과 전혀 관계가 없다면, D 통계량은 0에서 크게 벗어나지 않는다. 반면, 한 현대인 집단이 다른 집단에 비해서 네안데르탈인과 유전적으로 더 가깝다면, D 통계량은 0에서 유의미하게 벗어난다.

아래 그림을 보면서 D 통계량의 개념을 이해해보도록 하자. D 통계량을 계산하기 위해서는 네 명 분의 유전체 자료가 필요하다. 여기에서는 침팬지, 네안데르탈인, 그리고 현대인 두 명을 이용하였다. (ㄱ)에 표시된 굵은 분기도는 네안데르탈인이 먼저 현대인의 조상으로부터 갈라지고 한참

후에 현대인 집단들 사이의 분기가 시작된 순서를 명확히 보여준다.

D 통계량이 이용하는 유전자 변이는 네 명 중 두 명은 한 종류의 염기를, 나머지 두 명은 다른 종류의 염기를 갖는 경우이다. 이를테면 침팬지와 현대인 1은 구아닌(G) 대립유전자를 갖는 반면, 네안데르탈인과 현대인 2는 티민(T) 대립유전자를 갖는 경우를 생각해볼 수 있다. 상황을 일반화하여 침팬지와 인류의 공통조상이 갖고 있던 '조상' 대립유전자를 0으로, 진화 과정에서 돌연변이를 통해 나타난 '파생' 대립유전자를 1로 표시해보자. 네안데르탈인과 현대인 두 명 중 파생 대립유전자가 두 개 나타날 경우의 수는 세 가지가 있다.

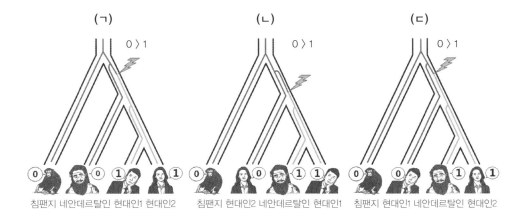

파생 대립유전자가 두 명 사이에 공유되는 세 가지 경우.

(ㄱ) 현대인 두 명이 파생 대립유전자를 공유하는 경우. (ㄴ) 네안데르탈인과 현대인 1이 파생 대립유전자를 공유하는 경우. (ㄷ) 네안데르탈인과 현대인 2가 파생 대립유전자를 공유하는 경우. 네안데르탈인과 현대인 사이에 유전자 흐름이 없다면 (ㄴ)과 (ㄷ)에 해당하는 변이의 수가 같은 숫자로 나타나야 한다. 만약 네안데르탈인과 현대인 1 사이에 유전자 흐름이 있었다면 (ㄴ)에 해당하는 변이의 수가 (ㄷ)의 경우보다 많아진다. 네안데르탈인과 현대인 2 사이에 유전자 흐름이 있었다면 반대로 (ㄷ)에 해당하는 변이의 수가 많아진다. D 통계량은 (ㄷ)과 (ㄴ)의 경우에 해당하는 변이 숫자의 차로 정의된다.

가장 많이 볼 수 있는 경우는 현대인 두 명이 파생 대립유전자를 공유하는 경우일 것이다. 두 집단이 가장 최근에 갈라졌으므로 가장 오랜 기간 동안 역사를 공유하기 때문이다. 이에 비해 다른 두 경우, 즉 현대인 둘 중 한 명이 네안데르탈인과 파생 대립유전자를 공유하는 경우는 훨씬 낮은 빈도로 나타난다. 더욱 중요한 것은 (ㄱ)의 분기도가 참이라면 네안데르탈인은 두 현대인과 똑같은 비율로 파생 대립유전자를 공유한다는 점이다. 두 현대인은 네안데르탈인과의 관계에 있어서 다른 점이 없기 때문이다.

만약 네안데르탈인과 현대인 2 사이에 유전자 흐름이 있었다면 어떨까? 이 경우 분기도 (ㄱ)은 모든 경우에 적용될 수 없다. 네안데르탈인에게서 물려받은 변이의 경우 현대인 1이 먼저 갈라진 후 네안데르탈인과 현대인 2가 보다 최근에 갈라지는 분기도 (ㄷ)이 적용되기 때문이다. 따라서 이 경우 현대인 2와 네안데르탈인이 파생 대립유전자를 공유하는 변이의 수가 반대의 경우보다 훨씬 많아진다. 이 두 경우에 해당하는 변이의 숫자 차이로 정의되는 'D 통계량'은 이 경우 매우 큰 양의 값을 갖게 될 것이다.

전 세계 여러 집단에 속한 사람들을 대상으로 이 D 통계량을 계산한 결과, 놀라운 사실이 드러났다. 사하라 이남 아프리카에 사는 사람들은 네안데르탈인 혈통을 전혀 갖고 있지 않았지만, 아프리카 이외 지역에 사는 사람들은 아프리카인에 비해 네안데르탈인과 훨씬 더 가까웠던 것이다. 이 결과의 의미를 짚어보자면, 현대인이 아프리카를 벗어났을 때, 이미 유라시아에 진출해 있던 네안데르탈인과 만났고 그들과의 교류를 통해 네안데르탈인의 유전자를 얻게 되었다고 해석할 수 있다.

그렇다면 네안데르탈인의 유전자는 우리 몸속에 얼마나 남아 있을까? 연구에 따르면 네안데르탈인 유전자 풀이 아프리카 밖의 사람들에 기여한 비율은 약 2퍼센트 정도라고 한다. 2퍼센트라고 하면 아주 작은 수치라고 생각될 수 있지만, 실상은 그리 작은 값이 아니다. 우리 모두의 유전체는 부모님으로부터 각각 50퍼센트를 받아 만들어지고, 한 세대 더 거슬러 올라가면 네 명의 조부모로부터 각각 25퍼센트를 받는다.

계속 이렇게 거슬러 올라가면, 다섯 세대 전에는 32명의 조상에게서 각각 약 3.1퍼센트씩을, 여섯 세대 전에는 64명의 조상에게서 각각 약 1.6퍼센트씩의 유전자를 물려받는 셈이다. 따라서 네안데르탈인 유전체가 차지하는 비율인 2퍼센트는 다섯 세대 내지 여섯 세대 전의 우리 조상 중에 네안데르탈인이 있었던 것과 비슷한 비율이다. 우리의 증조할머니가 어렸을 때 네안데르탈인 할머니의 품에 안겨 있었다고 상상해보면 이 말이 무슨 의미인지 조금 더 와 닿지 않을까?

스반테 페보와 고고유전학

독일 라이프치히는 독일의 오랜 역사와 문화가 잘 스며들어 있는 도시로 유명하지만, 유전학자들에게는 다른 의미로 친숙한 지명이기도 하다. 고古유전체 연구의 대명사라 해도 과언이 아닌 스반테 페보Svante Pääbo가 속해 있는 막스플랑크 진화인류학연구소Max Planck Institute for Evolutionary Anthropology가 있는 도시이기 때문이다.

스웨덴 출신의 페보는 미국 캘리포니아대학교 버클리 캠퍼스의 저명한 유전학자인 앨런 윌슨Allan Wilson의 연구실에서 박사후 과정을 밟으면서 1980년대 후반 당시에는 미지의 분야였던 고유전체 연구를 본격적으로 개척해나가기 시작했다. 페보의 초기 연구는 고시료에서 DNA를 추출하는 방법과, 그렇게 추출한 고DNA의 특이한 화학적 특성에 관한 연구들이었다. 영화 〈쥐라기 공원〉을 기대하고 있었다면 페보의 초기 실험이 고작 이런 것이었나 하고 실망스러울지도 모르겠다.

하지만 이러한 기초 연구들은 고유전체 연구를 안정된 궤도에 올려놓는 데에 필수적인 작업들이었다. 고유전체 연구가 막 시작되던 무렵, '고시료 DNA는 모두 분해되어 연구할 수 없다'부터 '중생대 공룡 화석에서도 DNA를 얻을 수 있다'에 이르기까지 정말 다양한 의견들이 난무했다. 이러한 상황에서 페보의 초창기 연구는 이러한 혼란을 가라앉히는 매우 중요한 역할을 하였다.

고시료 속의 진짜 DNA에 비해 시료에 살던 미생물이나 시료를 다룬 사람들이 남겨놓은 DNA의 양이 훨씬 많기 때문에 DNA 오염을 통제하는 것이 고유전체 연구에서 가장 중요하다는 것, 고DNA는 평균 100염기쌍 미만으로 아주 잘게 토막 나 있고 양쪽 끝의 염기들이 화학적으로 변성되어 있을 확률이 높다는 것 등이 이 시기에 알려진 중요한 사실들이다.

1997년 라이프치히로 옮겨가 막스플랑크 진화인류학연구소를 설립한 이래, 페보 연구진은 네안데르탈인 유전체를 재구성하겠다는 원대한 목표를 갖고 실험기법을 개선해나갔다. 실험을 위해 귀하디귀한 네안데르탈인 뼈를 마구 잘라 사용할 수는 없었기 때문에 초기 연구들은 상대적으로 흔한 동굴곰의 뼈를 이용하였다. 동굴곰은 유럽에 널리 서식하다가 마지막 빙하기가 절정에 이르렀던 약 2만 4000년 전에 멸종한 종인데, 종종 다량의 뼈가 동굴에서 발견되었다.

동굴곰 뼈를 실습재료로 삼아 실험기법을 발전시킨 이후, 페보 연구진은 드디어 네안데르탈인 연구를 시작했다. 페보 연구진은 곧 엄청난 연구성과들을 연이어 발표하며 인류유전학의 판도를 바꾸었고, 연구결과에 대한 대중의 관심까지도 불러일으켰다. 특히 2000년대에 들어서는 차세대 염기서열 분석 기법을 초기부터 적극적으로 활용하였다.

이를 이용해 2006년에는 약 100만 개의 핵 유전체 염기서열, 2008년에는 완전한 미토콘드리아 유전체 염기서열, 뒤이어 2010년에는 네안데르탈인 유전체 전체를 낮은 수준으로 해독하였고, 2014년에는 알타이산맥의 데니소바 동굴에서 발견된 네안데르탈인의 유전체를 매우 높은 품질로 재구성하는 데에 성공했다.

이런 엄청난 성과에도 불구하고, 페보 연구진은 멈출 생각이 전혀 없어 보인다. 가장 최근에는 스페인 북부의 '시마 데 로스 우에소스Sima de los Huesos' 동굴에서 발견된 무려 43만 살이나 된 고인류의 유전체를 일부 해독하는 데에 성공하는 등, 페보 연구진은 끊임없이 고인류 유전체 연구의 지평을 넓혀가고 있다.

당신의 네안데르탈인 조상은 중동에서 살았다

현대인이 물려받은 네안데르탈인 혈통에서 재미있는 점 하나는 동아시아인과 유럽인 모두 2퍼센트 내외의 네안데르탈인 유전자를 갖고 있다는 점이다. 동아시아인과 유럽인이라고? 더군다나 사실 최근 여러 연구들은 유럽인에 비해 동아시아인이 네안데르탈인 유전자를 약 20퍼센트 정도 더 많이 가지고 있다고 보고하고 있다. 네안데르탈인의 흔적이 대부분 유럽에서 발견된다는 점을 생각해보면, 이상한 일이 아닐 수 없다. 네안데르탈인은 동아시아에 단 한 번도 나타난 적이 없다. 그렇다면 동아시아의 현대인은 어떻게 유럽인보다도 더 많이 네안데르탈인 유전자를 갖고 있을 수 있는 걸까?

이 질문에 대답하려면 다음의 몇 가지 중요한 문제에 대한 답을 먼저 찾을 필요가 있다. 첫째, 네안데르탈인은 어디에 살았을까? 둘째, 네안데르탈인과 현대인 사이의 교배는 언제 일어났을까? 셋째, 아프리카를 벗어난 현대인은 유럽과 동아시아에 언제 도착했을까? 현대인의 조상이 네안데르탈인 유전자를 얻은 시점에 네안데르탈인이 어디에서 살고 있었는지를 안다면, 그곳이 바로 우리에게 유전자를 물려준 네안데르탈인 조상의 고향일 것이다.

또한 동아시아에 네안데르탈인이 살았던 흔적이 전혀 없기 때문에 동아시아에 처음 들어온 우리의 조상은 이미 네안데르탈인 유전자를 갖고 있었다고 봐야 한다. 그렇다면 동아시아 최초의 현대인은 네안데르탈인과 현대인의 교배 시점 이후에 나타나야 한다. 고인류학과 유전학 증거들은 이 문제에 대해 어떤 답을 제시하고 있을까?

네안데르탈인이 남긴 뼈와 석기 등의 흔적을 통해 알아낸 바에 따르면, 네안데르탈인은 남서부 유럽을 중심으로 멀리는 유럽의 동남쪽 끝인 흑해와 카스피해 사이의 캅카스산맥 일대까지 거주했던 것으로 보인다. 하지만 네안데르탈인이 유럽에 살았던 최소 약 40만 년 전부터 4만 년 전까지 지구의 기후는 끊임없이 변화했고, 이에 따라 네안데르탈인의 분포 범위도 달라졌을 것이다.

흥미롭게도 중동 지역에서는 네안데르탈인의 흔적이 여럿 발견되는데, 알다시피 중동은 아프리카를 벗어나 유럽과 아시아로 이주하기 위해 반드시 지나가야 하는 길목 같은 곳이다. 그렇다면 아프리카를 벗어난 현대인이 중동에서 네안데르탈인을 만났을까? 만약 그렇다면 그것은 언제쯤이었을까?

네안데르탈인과 현대인의 조상이 언제 서로 유전자를 교환했는지에 대해서 뼈나 석기를 이용해 그 답을 알아내기는 어렵다. 석기로 유전자 교환의 흔적을 찾는다면 노벨상감이고, 뼈 역시도 시료로 이용할 만한 화석이 충분히 남아 있어야 가능하다. 실제로 마지막 네안데르탈인이 살았던 약 3만 년 이전까지 거슬러 올라가는 화석은 현대인과 네안데르탈인을 불문하고 아주 귀하다. 운 좋게 뼈가 보존되었다 하더라도 네안데르탈인 아버지와 현대인 어머니를 둔 화석을 찾아낼 억세게 운이 좋은 확률은 또 얼마나 되겠나?

그러나 유전자 자료는 직접적인 현장을 포착하지 않더라도 얼마나 오래전에 네안데르탈인 유전자가 현대인에게 유입되었는지 추정할 수 있는 정보를 제공한다. 하버드대학교의 유전학자 스리람 상카라라만Sriram San-kararaman은 현대인의 유전체 속에 숨어 있는 네안데르탈인 유전자의 분포 패턴을 이용해 네안데르탈인 유전자가 약 6만 5000년 내지 4만 7000년 전 사이에 유입되었다는 결과를 제시하였다. 도대체 어떻게 유전자 자료를 통해 네안데르탈인 유전자가 유입된 시점을 알아낼 수 있는 것일까?

이러한 추론이 가능했던 것은 생식세포를 만드는 감수분열 과정에서 유전자 재조합이 일어나기 때문이다. 유전자 재조합이란 난자나 정자가 만들어지는 과정에서 부모님한테서 하나씩 물려받은 한 쌍의 염색체가 일부를 서로 교환하는 현상을 말한다. 그러니까 난자나 정자에 들어 있는 염색체는 내가 물려받은 한 쌍의 염색체 중 하나가 아니라, 둘을 짜깁기해서 만든 새로운 염색체인 것이다. 이 과정은 매 세대 반복된다.

아래의 그림처럼 검은색과 흰색 손수건 한 장씩을 상상해보자. 두 장을 겹쳐놓고 적당히 두 조각으로 자른 뒤, 한 조각씩 서로 바꿔서 이어 붙이면 검은색과 흰색이 섞인 손수건 두 장이 만들어진다. 이 과정을 여러 차례 반복하면 어떻게 될까? 검은색과 흰색 조각들이 뒤섞인 조각보 두 장

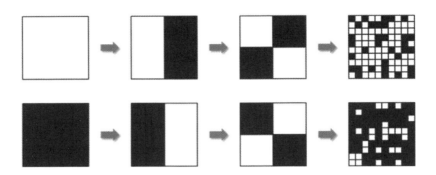

두 집단(흰색과 검은색 유전자 풀)이 섞이기 시작한 후 일어나는 유전자 재조합에 따른 변화.

이 만들어질 것이다. 자르고 이어 붙이는 과정을 반복할수록 손수건을 이루는 조각의 크기는 점점 더 작아지고, 조각보에 들어가는 조각의 총 개수는 늘어날 것이다.

현대인의 유전체는 비유하자면 이런 조각보와 같은 상태라고 할 수 있다. 즉 현대인 조상에게서 온 98퍼센트의 흰색 조각 사이에 네안데르탈인 조상으로부터 물려받은 검은색 유전자 조각이 드문드문 끼어 있는 것이다. 만약 자르고 이어 붙이는 과정을 몇 번이나 반복했는지, 즉 네안데르탈인 유전자가 현대인에게 유입된 지 몇 세대가 지났는지 알고 싶다면, 네안데르탈인 유전자 조각의 크기를 조사해보면 된다. 그러니까 앞에서 언급한 6만 5000년 전에서 4만 7000년 전 사이라는 추정치는 바로 이 정보를 이용해 얻어낸 추정치이다.

시베리아 남서부의 이르티시Irtysh강변에서 발견된 허벅지뼈는 이런 추론을 뒷받침하는 유전자 정보를 추가적으로 제공하였다. 조각 재료로 쓸 매머드 상아를 찾아다니던 조각가 니콜라이 페리스토프Nicolai Peristov가 2008년에 발견한 이 뼈는, 발견 지역의 이름을 따서 우스트-이심인Ust'-

Ishim man이라고 불린다. 페보 연구진은 약 4만 5000년이나 된 이 뼈에서 DNA를 추출하여 유전체를 분석하는 데에 성공했는데, 이 뼈의 주인공 역시 현대인과 마찬가지로 네안데르탈인 유전자를 약 2.3퍼센트 갖고 있었다.

더욱 재미있는 것은 네안데르탈인 유전자 조각의 평균 크기가 현대인에 비해서 약 1.8배 내지 4.2배 컸다는 점이다. 이를 바탕으로 연구진은 우스트-이심인의 조상이 네안데르탈인 유전자를 얻은 시점이 그들이 살았던 때로부터 약 1만 2000년 전에서 7000년 전이라는 결론을 내렸다. 따라서 여기에 우스트-이심인이 살았던 때(4만 5000년 전)를 더하면, 5만 7000년 전에서 5만 2000년 전 정도의 값을 얻게 되는데, 이는 상카라라만이 현대인만을 이용해 추정한 값과 놀랍도록 일치한다.

현대인이 지구상의 곳곳에 도착한 시점 역시, 네안데르탈인과 현대인의 교배가 약 6만~5만 년 전 중동에서 일어났다는 주장을 뒷받침한다. 화석기록에 따르면 해부학적 현대인은 동아시아에는 4만 6000년 전, 유럽에는 약 4만 5000년 전, 오스트레일리아에는 약 4만 2000년 전에 처음 모습을 드러냈다. 따라서 유전자 자료를 통해 얻은 네안데르탈인과의 교배 시점은 유럽과 아시아, 오스트레일리아에 처음 현대인이 이주한 때보다 더 이전이다.

이는 아프리카를 벗어난 해부학적 현대인이 중동에서 네안데르탈인 유전자를 얻은 뒤 약 5만 년 전부터 매우 빠르게 전 세계 각지로 퍼져나갔다는 시나리오와 잘 부합한다. 아프리카 밖의 모든 인류가 네안데르탈인 유전자를 갖고 있는 것은, 네안데르탈인 유전자가 이들 모두의 공통조상에게 이른 시기에 유입되었기 때문으로 설명된다.

유럽에서는 어떤 일이 있었을까?

유전학과 고인류학 자료들은 네안데르탈인과 현대인이 약 6만~5만 년 전 중동에서 유전자를 교환했다고 말한다. 하지만 네안데르탈인이 살던 중심 지역이 유럽이었다는 점을 생각해보면, 자연스럽게 여러 질문이 떠오른다. 현대인이 유럽에 진출한 것이 약 4만 5000년 전이고, 네안데르탈인이 사라진 것이 약 4만 년 전인데, 왜 5000년 동안이나 별다른 유전자 교류 없이 살았을까? 유럽에서 현대인과 네안데르탈인은 정말 서로 마주치기는 했던 것일까? 아니면 여러 다른 이유로 쇠퇴해가는 네안데르탈인이 먼저 자리를 비운 지역에 현대인이 뒤늦게 들어왔던 것은 아닐까? 혹시나 유럽과 중동의 네안데르탈인 사이에 유전적·문화적 차이가 있어서 유럽에서는 네안데르탈인과 현대인이 서로 교배하지 않았던 것은 아닐까?

중국과학원 고척추동물 및 고인류연구소의 푸차오메이付巧妹가 2015년 『네이처』에 발표한 논문을 보면, 유럽에서 네안데르탈인과 현대인의 관계를 들여다볼 수 있는 재미있는 단서를 제공했다. 루마니아 서부, 발칸 반도의 한가운데에 위치한 작은 도시인 아니나Anina 근처에는 '페스테라 쿠 오아세Pestera cu Oase'라는 석회암 동굴이 있다. 페스테라 쿠 오아세는 루마니아어로 '뼈 동굴'이라는 뜻인데, 이 고즈넉한 장소에 이런 이름이 붙은 이유는 2002년 여기에서 사람의 뼈가 발견되었기 때문이다. 놀랍게도 이 뼈들은 약 3만 8000년이나 된 것으로 밝혀졌는데, 이는 유럽에서 발견된 현대인의 뼈 가운데 가장 오래된 것이다.

그런데 이 뼈들은 전형적인 현대인의 뼈라고 보기에는 조금 애매한 구석이 있었다. 현대인과 네안데르탈인의 형태적 특징을 둘 다 지녔을 뿐만 아니라, 심지어 그 이전에 살았던 고인류들의 특징까지 섞여 있는 것처럼 보였기 때문이다. 도대체 3만 8000년 전에 살았던 이 뼈의 주인은 어떤 사람이었을까?

푸는 뼈 동굴에서 발견된 첫 번째 아래턱뼈('오아세 1')에서 유전체 자료를 얻는 데에 성공했는데, 이를 분석한 결과 놀라운 사실이 드러났다. 오아세 1의 유전체에는 네안데르탈인 유전자가 무려 6퍼센트 내지 9퍼센트나 들어 있었던 것이다. 이전까지 연구된 수천 명의 현대인 유전체와 여러 고古유전체는 네안데르탈인 유전자의 비율이 줄곧 1퍼센트에서 3퍼센트 범위에 머물러 있었기 때문에 네안데르탈인 유전자를 최대 9퍼센트나 갖고 있는 오아세 1은 이제껏 발견된 적 없는 특이한 경우였다.

놀라운 사실은 이뿐만이 아니었다. 오아세 1이 갖고 있는 네안데르탈인 유전자 조각들은 현대인이나 4만 5000년 된 우스트-이심인에게서 발견된 조각들보다 훨씬 길었다. 한 예로 12번 염색체는 커다란 네안데르탈인 유전자 조각 하나가 총 1억 3000만 염기쌍 가운데 절반 정도를 차지하고 있었다. 푸는 오아세 1의 네안데르탈인 유전자 조각의 크기를 분석하여, 오아세 1의 4세대 내지 6세대 조상 가운데 네안데르탈인이 있었다는 결론을 내렸다. 이는 현대인이 유럽에 들어온 이후에도 거의 사라져가던 네안데르탈인과 교배를 통해 자식을 낳았다는 결정적 증거인 셈이다.

오아세 1은 가계도에서 네안데르탈인 조상을 가깝게 둔 것 말고도 특이한 점을 하나 더 보였다. 그것은 바로 오아세 1이 현대 유럽인과는 유전적으로 특별히 더 가깝지 않다는 사실이다. 이 사실이 이상하게 생각되는 이유는 첫째, 오아세 사람이 살았던 시기는 현대인이 유럽에 흔적을 남기기 시작한 지 수천 년이 지난 시점이기 때문이고, 둘째, 이 오아세 1과 현대 유럽인의 관계는 오아세 1과 동아시아인의 관계와 비교했을 때 유전적으로 가까운 정도에서 특별한 차이가 없었기 때문이다. 즉 멀리 떨어진 동아시아 사람이나 같은 동네에 함께 살았던 유럽인이나 별반 차이를 보이지 않았다. 이 결과를 어떻게 해석할 수 있을까? 오아세 1이 살았던 시점이 유럽인과 동아시아인의 조상이 갈라진 지 얼마 지나지 않았을 때라 아직 둘 사이의 유전적 차이가 축적되지 않았던 것일까?

하지만 비슷한 시기의 다른 고유전체들은 약 4만 년 전에 이미 동아시아인과 유럽인 사이의 유전적 분화가 어느 정도 일어났음을 보여준다. 러시아의 카스피해 북쪽 코스텐키Kostenki에서 발견된 약 3만 7000년 전의 개체는 현대 유럽인과 유전적으로 확실히 더 가까웠고, 중국 베이징 인근 티안위안田园 동굴에서 발견된 약 4만 년 전의 개체는 현대 동아시아인과 유전적 유사성을 더 뚜렷이 보였기 때문이다.

따라서 푸는 오아세 1이 현대 유럽인에 속한 후손을 남기지 못한 채 사라진 불운한 집단에 속한다고 결론지었다. 오아세 1이 속했던 집단은 현대 유럽인의 조상이 되는 다른 집단들에게 밀려나다가 비슷한 처지의 네안데르탈인 집단과 만났던 것은 아닐까? 오아세 1처럼 자손을 남기지 못한 채 사라져버린 집단들은 얼마나 많았을까? 우리가 생각하는 시나리오와 맞진 않지만 오아세 1은 현대인의 진화사에 놀라운 이야기들이 넘친다는 사실을 다시금 일깨워준다.

차세대 염기서열 분석

휴먼 게놈 프로젝트 당시 염기서열 해독은 노벨화학상을 두 번이나 수상한 영국의 생화학자 프레더릭 생어Frederick Sanger가 1977년에 발표한 방법에 기반하고 있었다. 이 방법의 핵심은 디데옥시뉴클레오티드dideoxynucle-otide라는 변형된 뉴클레오티드를 이용해 해독을 원하는 염기서열을 염기쌍 하나 단위로 길이가 다르게 복제하는 것이다. 만약 500염기쌍 길이의 염기서열을 해독하려면 1번 염기쌍만 가진 분자, 1~2번 염기쌍을 가진 분자, 1~3번 염기쌍을 가진 분자 순서로 다양한 길이의 분자를 합성한다.

이 분자들은 마지막 염기쌍이 어떤 염기를 갖고 있는지에 따라 다른 색의 형광을 방출한다. 따라서 전기영동electrophoresis이라는 기법을 통해 합성된 분자들을 크기 순으로 정렬한 뒤 차례로 어떤 색인지를 확인하면 염기서열을 재구성할 수 있는 것이다. 1번 염기쌍만 가진 분자가 파란색이라면 1번 염기는 시토신(C), 1~2번 염기쌍을 가진 분자가 노란색이라면 2번 염기는 티민(T)인 식이다.

생어 기법은 당시에는 최첨단 기술이었지만, 30억 개나 되는 염기를 일일이 해독하기에는 시간과 돈이 너무나 많이 들었으며 손까지 많이 가는 기술이었다. 따라서 더 빠르고 값싸게 염기서열을 해독하고자 노력을 계속 기울인 결과, 2000년대 중반 이후 그야말로 새로운 염기서열 분석기술이 탄생하게 되었다. 이 기법을 1세대 기술인 생어 기법 다음세대의 기술이라는 의미에서 오늘날 '차세대 염기서열 분석Next Generation Sequencing(NGS)' 기법이라 부르고 있다.

차세대 염기서열 분석 기법은 엄청나게 많은 수의 짧은(보통 35~300염기쌍) 염기서열을 동시에 해독한다는 의미에서 '대단위 병렬 염기서열 분석Massively parallel sequencing' 기법이라 불리기도 한다. 여러 회사에서 차세대 염기서열 분석 기법을 상업화했는데, 현재 가장 널리 쓰이는 플랫폼은 일루

미나Illumina 사에서 공급하고 있다.

차세대 염기서열 분석을 위해서는 우선 세포에서 추출한 고분자 DNA를 약 500염기쌍 내외로 잘게 조각낸다. 그다음 잘게 조각난 DNA 양 끝에 35염기쌍 내외의 동일한 염기서열을 붙이는데, 이 염기서열을 어댑터 서열이라고 부른다. 이 과정을 거치고 나면 모든 DNA 분자들이 양 끝에 동일한 염기서열을 갖게 되며 이를 이용하면 다양한 DNA 분자를 동시에 분석할 수 있다.

다음 단계는 어댑터를 부착한 수많은 DNA 분자들을 현미경 받침유리 크기의 '플로 셀flow cell'에 통과시키는 과정이다. 플로 셀 표면에는 어댑터 서열과 상보적인 짧은 염기서열들이 촘촘히 부착되어 있기 때문에 DNA 분자들이 플로 셀 표면 이곳저곳에 하나씩 떨어져 자리를 잡게 된다. DNA 분자들이 플로 셀에 자리를 잡고 나면 중합반응을 진행하며, 그 결과 플로 셀에는 띄엄띄엄 떨어져 있는 DNA 분자 군집들이 생기게 된다. 개별 군집에 속한 DNA는 모두 처음 그곳에 자리 잡은 DNA 분자 하나가 중합반응을 통해 복제된 것이기 때문에 모두 같은 염기서열을 갖고 있다.

마지막으로 DNA 분자 군집이 준비되면, 한 번에 한 염기씩 중합반응을 일으킨다. 각각의 염기는 DNA 분자에 결합할 때 서로 다른 색의 형광을 방출하기 때문에 각 군집에서 방출하는 형광을 차례대로 기록하면 각 군집에 속한 DNA의 염기서열을 얻어낼 수 있는 것이다.

설명만으로는 아마 이 과정을 이해하기 어려울 것이다. 깜깜한 밤하늘을 상상해보자. 이제 하늘이 다 들어오도록 사진을 한 장 찍은 다음, 밝은 점들을 찾아내면 어디에 얼마나 밝은 별이 있는지 알아낼 수 있을 것이다. 10분에 한 번씩 밤새 사진을 계속 찍는다면 어떨까? 아니면 매일 같은 시간에 한 번씩 1년 내내 사진을 찍는다면 어떨까? 이 사진들을 분석하면 수천 개의 별들이 시간에 따라 어떻게 움직이는지, 광도나 색이 어떻게 변하는지 한꺼번에 추적할 수 있을 것이다.

생어 시퀀싱은 해독하고자 하는 염기서열을 첫 번째 염기부터 마지막 염기까지 순서대로 나열한 뒤, 하나씩 검출기를 통과할 때 어떤 염기인지 해독한다. 염기들이 오래달리기 경주를 하면서 하나씩 결승선을 통과하는 장면을 상상해보자!

차세대 염기서열 분석 기법은 수많은 염기서열을 동시에 해독할 수 있다. 결혼식 기념사진을 찍으러 모인 사람들이 염기서열이라고 상상해보자. 같은 자리에 서서 사진을 여러 장 찍게 되는데, 첫 사진을 찍을 때는 각자 자신의 첫 번째 염기를 들고 사진을 찍는다. 두 번째 사진을 찍을 때는 두 번째 염기를 들고, 세 번째 찍을 때는 세 번째 염기를 드는 식으로 계속 사진을 찍으면 나중에 사진을 판독해 각각의 염기서열을 동시에 재구성할 수 있게 된다.

이제 플로 셀 하나가 밤하늘이라고 생각해보자. 이 밤하늘에는 수백만 개에서 수십억 개에 이르는 DNA 군집들이 별처럼 박혀 있다. 이 'DNA 군집 별'들의 위치를 파악하고, 매번 사진을 찍을 때마다 어떤 형광을 방출하는지 기록하여(이를테면 빨강은 아데닌, 파랑은 구아닌, 노랑은 시토신) 수십억 개의 짧은 염기서열을 동시에 해독해낼 수 있다. 최신 차세대 염기서열 분석 기법을 이용하면 한 명의 유전체를 해독하는 데에 겨우 수십만 원의 예산과 일주일 미만의 시간이 필요할 뿐이다. 휴먼 게놈 프로젝트에서 한 명의 유전체를 얻기 위해 십몇 년의 시간과 몇조 원에 달하는 예산을 쏟아 부었던 것과 비교하면 '차세대'란 말이 새삼 와 닿지 않는가?

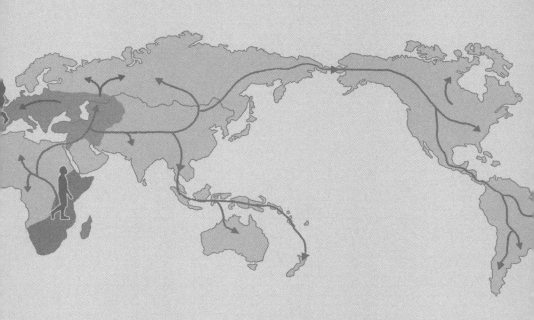

제6장

사라진 게 아니다!

최초로 아프리카를 떠난 호모 사피엔스 선발대 무리가 유럽과 아시아 대륙에 이르러 네안데르탈인을 처음 만났을 때 과연 무슨 일이 벌어졌을까? 분명 나와 다른 모습을 하고 있는 다른 종류의 인간에게 처음부터 정이 마구 샘솟지는 않았을 것이다. 서로가 서로에게 호감인지, 비호감인지는 마주친 순간 동물적 본능에 의해 즉각적으로 계산된다.

낯선 인간과 마주칠 때 우리는 과연 저 사람이 나에게 해가 될지 이로움을 가져다줄지 본능적으로 계산을 하게 된다. 상대방을 무의식중에 머리부터 발끝까지 스윽 훑어 성별을 파악하고 나이나 직업도 대강 판단한다. 이때 눈으로 들어온 시각정보는 머릿속에서 빛의 속도로 처리되어 우리가 상대를 평가하는 데에 걸리는 시간은 1분도 채 되지 않는다고 한다.

진화적 관점에서 볼 때 우리는 익숙한 것에 대해서 호감을 느끼는 경향이 있다. 어떤 방식으로 행동할지 예측할 수 없는 존재는 동물의 세계에서 늘 불편하기 마련이다. 그러니 호모 사피엔스와 네안데르탈인이 처음 만난 순간 어떤 일이 일어났을지 전혀 짐작이 되지 않는 건 아니다.

이들의 만남에 대해 여러 추측들이 있지만 분명한 건 그들이 서로 싸우기만 하지는 않았다는 사실이다. 싸우기만 했다면 우리 몸 안에 네안데르탈인의 유전자가 남아 있을 리 없다. 아프리카를 떠나 유럽과 아시아에 정착한 오늘날 호모 사피엔스의 몸에는 네안데르탈인의 유전자가 2퍼센트 정도 섞여 있다. 지금 우리 몸 안에 몇만 년 전 이미 지구상에서 사라진 다른 인류의 유전자가 남아 있다는 말이다. 이게 대체 어떤 의미일까?

생물학에서는 서로 다른 종끼리는 교배가 거의 일어나지 못한다고 보는데, 실은 아주 가끔 일어나기도 하는 이러한 사건을 가리켜 '이종 간의 교배interbreeding'라고 한다. 말 그대로 종이 서로 다른 생명체가 교배를 한다는 의미이다. 현존하는 동물 중에 우리와 가장 가까운 침팬지를 예로 들어보자. 침팬지는 유전자 수준에서 우리와 가장 비슷한 동물이다. 하지만 그렇다고 침팬지를 보며 성적 매력을 느낄 수 있을까? 침팬지계에서 가장 잘생긴 수컷 침팬지를 만난다 하더라도 연애의 감정이 샘솟기란 진심으로 어려울 것 같다.

하지만 이런 비슷한 사건이 우리가 진화해오는 동안에는 분명 있었다. 우리보다 키는 작지만 근육이 잘 발달하였으며 다부진 몸매를 지닌 네안데르탈인이 우리 호모 사피엔스의 조상과 만나 사랑을 나누고 아이를 낳으며 살았던 결과가 지금 우리 몸속에 남아 있기 때문이다. 이 장에서는 우리 안에 남아 있는 네안데르탈인의 흔적을 찾아보도록 하겠다. 사라졌지만 진정 사라진 게 아닌 네안데르탈인을 지금부터 찾아보도록 하자. 어쩌면 내 안에, 그리고 네 안에 있을 그들의 흔적을⋯⋯.

우리와 만나다!

지구 곳곳에서 네안데르탈인에 대한 화석기록이 사라져가기 시작할 무렵과 동시에 우리 호모 사피엔스의 조상인 현대인들이 등장하여 다양한 지역으로 퍼져나가기 시작했다. 네안데르탈인은 지중해와 접해 있는 중동의 이스라엘에서는 4만 8000년 전부터 4만 3000년 전 사이에 자취를 감추었고, 유럽과 아시아의 경계인 러시아의 메즈마이스카야Mezmaiskaya에서는 약 3만 6000년 전 무렵에 사라졌다. 또 유럽 남동부에 있는 크로아티아 빈디자Vindija에서는 러시아의 메즈마이스카야에서보다 약간 더 늦은 3만 2400년 전 무렵에 거의 사라졌다.

이러한 지역들 중에서 이스라엘의 스쿨Skhul, 카프제Qafzeh, 아무드Amud 지역에서는 현대인이 적어도 8만 년 전에는 나타난 것으로 보인다. 따라서 이 지역에서 두 인류는 적어도 약 3만 년이라는 시간 동안 함께 살았다. 한편 이스라엘의 타분Tabun이라는 동굴에서는 다른 시기에 살았던 것으로 보이는 네안데르탈인과 현대인의 뼈가 함께 확인되기도 했다.

그렇다면 네안데르탈인의 주 활동무대였던 유럽은 어떨까? 유럽 남동부에 위치한 루마니아 페스테라 쿠 오아세 유적에는 현대인이 약 3만 4900년 전에 도착했고, 영국 켄츠 캐번Kent's Cavern 지역에는 4만 4200년 전에서 4만 1500년 전 사이에, 이탈리아의 그로타 델 카발로Grotta del Cavallo에는 약 4만 5000년 전에서 4만 3000년 전에 현대인이 다다른 것으로 보인다.

또 스페인의 말라가Malaga에서는 현대인이 만들어낸 기술이 3만 2000년 전 무렵부터 나타난다. 중동 지역과 마찬가지로 유럽에서도 약 1만 년의

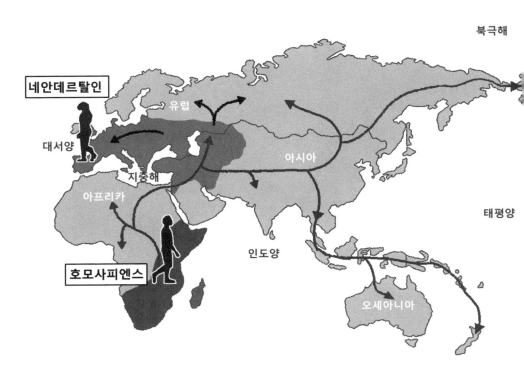

북극해

네안데르탈인

유럽

아시아

대서양

지중해

아프리카

태평양

호모사피엔스

인도양

오세아니아

호모 사피엔스의 이주 경로(→)와 네안데르탈인의 마지막 피난처.

시간 동안 두 인류가 같은 지역에 공존했던 것으로 보인다. 이렇게 현대인
들이 지구 곳곳으로 퍼져나간 반면에 이 무렵 이후부터 네안데르탈인의
화석기록은 거의 자취를 감춘다.

그러나 네안데르탈인이 사용했던 '무스테리안'이라고 불리는 석기 제
작 기술은 약 2만 8000년 전에서 2만 4000년 전의 유적에서도 확인된다.
이베리아 반도의 남쪽 끝에 위치한 지브롤터Gibraltar 유적에서도 무스테리
안 석기가 발견된 바 있다. 이베리아 반도는 유럽 남서부의 모퉁이에 위치
해 있는데, 이 지역으로 현대인들이 이동해왔을 무렵에 그때까지 남아 있
었던 네안데르탈인 무리가 이곳을 피난처로 이용했던 것 같다.

북아메리카

남아메리카

왜 유럽 남부의 끝자락이 네안데르탈인의 피난처가 되었을까? 이유는 그 무렵 발생한 두 차례의 초특급 규모의 화산 폭발과 관련이 있다. 첫 번째 화산 폭발은 7만 5000년 전에 인도네시아 수마트라 섬의 토바 화산에서 일어났고, 두 번째 화산 폭발은 4만 년 전에 이탈리아의 캄파니아 화산에서 일어났다. 두 차례의 대폭발로 인해 지구 전체가 화산재로 뒤덮였고, 이 때문에 지구의 평균 기온이 전체적으로 섭씨 3~5도 정도 낮아졌다. '화산 겨울volcanic winter'이라고 불리는 이 지독한 겨울은 몇 년 동안 계속되었다. 특히 캄파니아 화산 폭발은 지난 20만 년 동안 유럽에서 발생한 화산 폭발 중 가장 폭발력이 컸던 것으로 기록되어 있다.

이로 인해 빙하기 유럽의 기후는 더 추워졌고, 아무리 추위에 끄떡없는 네안데르탈인이라고 하더라도 좀 더 따뜻한 남쪽으로 피난하지 않을 수 없었다. 플라이스토세 말이 되면서 기후가 점점 더 추워져 북쪽 지역에서는 더 이상 살 수가 없었기 때문에 현대인과의 충돌을 불사하고서라도 그들은 남쪽으로 이동해야만 했다.

북쪽에 주로 살았던 네안데르탈인은 한때 그들이 이용했던 동물과 식물 자원들도 그곳에서 이용하기 어렵게 되자 추위와 굶주림을 피해 남쪽의 이탈리아, 그리스, 이베리아, 발칸, 캅카스 지역까지 내려왔다. 남쪽에는 드넓은 초원과 우거진 숲은 물론 모래 평원과 습지, 해안도 있어서 북쪽보다 이용할 수 있는 생태 자원이 훨씬 다양했다. 남쪽으로 내려온 네안데르탈인은 유럽에서 그들의 삶을 좀 더 연장해나갈 수 있었다.

마지막 네안데르탈인을 찾아서

그렇다면 마지막까지 남아 있던 네안데르탈인에게는 과연 어떤 일이 있었기에 유럽 남부 지역에서 그들은 그대로 자취를 감추어버린 걸까? 끝까지 호모 사피엔스와 함께 살아남을 수는 없었을까? 그들은 분명 현대인과 만났고 아이를 낳을 정도로 깊은 인연을 맺었던 존재들이다. 깊은 인연을 맺으며 살았던 만큼 그들의 절멸에도 우리가 깊숙이 관여했을까? 호모 사피엔스의 세상에서 일어난 도시화나 산업화의 영향으로 많은 동물들이 절멸해버린 것처럼, 어쩌면 우리의 사촌 네안데르탈인의 절멸에도 우리가 관련되었을지 모른다.

덴마크 로스킬데대학교의 벤트 쇠렌센Bent Sørensen은 네안데르탈인의 절멸에 영향을 미쳤을 여러 가능성들, 말하자면 식량 부족이나 현대인과의 경쟁, 기후와 환경의 변화, 검치호랑이와 같은 포식자들의 공격, 출산 문제, 전염병, 자연재해, 폭력 등의 요인들을 정리했다. 이 중에서 식량 부족은 네안데르탈인이 지구상에서 사라진 주된 이유는 아닌 것 같다고 결론 내렸다. 왜냐하면 네안데르탈인이 좋아했던 동물들이 환경 변화 때문에 이주했다면 떠돌아다니며 살았던 네안데르탈인 역시 그들의 먹잇감을 쫓아갔을 테니까 말이다.

또한 현대인이 네안데르탈인의 근거지로 이동해왔더라도 현대인의 무리가 엄청나게 크지는 않았기 때문에 두 집단이 먹잇감을 놓고 심각한 경쟁을 벌이지는 않았던 것 같다. 처음엔 소규모의 현대인 무리가 네안데르탈인이 사는 곳으로 이동해왔고, 이후에 네안데르탈인 집단에 위협이 될 만큼 커졌다. 여하튼 2만 년 전 무렵에 이르러 네안데르탈인은 이 이야기에서 완전히 사라진다. 무엇이 그들을 사라지게 한 걸까? 이 질문에 대해 간단명료하게 대답할 수는 없지만, 쇠렌센의 지적처럼 여러 요인들이 복합적으로 작용했던 것만은 사실인 듯하다.

이제부터는 닥터 본즈답게 뼈에 남겨진 흔적으로 네안데르탈인이 사라진 이유에 대해서 추리해보도록 하자. 네안데르탈인 집단의 남성 뼈에는 부러진 흔적들이 유난히 많다. 왜 이렇게 부러진 흔적이 많은 걸까? 이 흔적들의 대부분은 아무래도 사냥 때문에 생긴 것 같다. 네안데르탈인 사회의 남성에게 사냥은 무엇보다 중요한 활동이다.

하지만 경험이 미숙한 젊은 남자들은 사냥 중에 치명적인 부상을 입기도 한다. 노련한 사냥꾼들은 어느 시점에 공격을 해야 하는지 또 어느 순간에 뒤로 물러나 호흡을 가다듬고 기다려야 하는지를 알지만, 사냥을 많이 해보지 않은 어린 남자들은 미숙할 수밖에 없다. 누가 더 미숙한지 노련한지는 뼈에 남은 흔적을 보면 잘 알 수 있다. 뼈에 남은 흔적으로 볼 때 큰 부상을 당해 죽은 것으로 추정되는 개체들은 대개 나이가 어린 남자들이다. 나이 든 남자에게서는 이런 심한 부상이 드물게 관찰된다.

한편 네안데르탈인 여성의 삶을 가장 힘들게 했던 것은 무엇이었을까? 그건 오늘날 개발도상국의 여성들이 겪는 어려움과 크게 다르지 않았던 것 같다. 그들에게는 아이를 낳는 것이 무엇보다 큰일이었다. 예나 지금이나 출산의 고통을 무엇에 견줄 수 있을까마는, 특히 네안데르탈인 여성들은 출산하다가 죽거나 병을 얻기 일쑤였다. 그것은 바로 호모 사피엔스의 아기보다 큰 머리를 가진 아기를 낳아야 했기 때문이다. 머리가 큰 것은 여러 면에서 좋은 점이 많지만 더 이상 호모 사피엔스의 머리가 계속 커지는 쪽으로 진화하지 않은 건 머리가 커질수록 출산이 어려워지기 때문이기도 하다.

또한 수많은 뼈가 증명하듯이 네안데르탈인 집단에서 유아가 사망하는 일은 비일비재했던 것 같다. 시간과 장소를 불문하고 아직 면역체계가 완성되지 않은 어린아이들은 병에 걸리기 쉽다. 또 새로운 질병이 퍼졌을 때 가장 먼저 병들거나 죽기 십상이다. 따라서 그들이 처했던 환경이나 생활방식과 함께 이러한 조건들은 네안데르탈인 무리가 불어나는 데에 한계로 작용했을 것이다.

또 그들의 뼈는 강건했고 근육이 많이 붙어 있었기 때문에 그러한 구조를 유지하는 데에 많은 에너지가 필요했다. 집이 크면 클수록 유지하는 데에 비용과 시간이 많이 드는 건 당연한 일 아닌가. 사람의 몸도 마찬가지이다. 에너지를 소비하는 기관이 크고 많을수록 그러한 기관을 유지하기 위해 많은 에너지를 얻어야 한다. 그러니까 네안데르탈인의 몸은 유지하는 데에 비용이 많이 드는 구조인 셈이다. 기본 골격과 근육을 유지하는 데에 에너지를 많이 써야 하는 상황이라 2세를 생산하는 생식활동에 에너지를 많이 투자할 수 없다는 것도 문제였다.

이렇다 보니 네안데르탈인 무리는 더더욱 커지기 어려웠고, 바로 이러한 점이 그들을 지구상에서 사라질 수밖에 없는 존재로 만들어버린 것 같다. 집단의 규모가 작으면 큰 집단보다 더 쉽게 멸종될 수 있기 때문이다.

그들의 무리는 작았고, 앞서 얘기한 것처럼 세대를 늘리는 데에 이용할 수 있는 에너지는 제한적이었으며, 환경 변화로 유럽 남부 지역까지 내려와 살 수밖에 없었다. 그 과정에서 그들은 지구상에서 사라졌고 오늘날 그들이 남긴 유산은 현대인의 몸속에 남아 있는 아주 적은 수의 유전자로만 확인된다. 좀 더 드라마틱한 결말을 기대했다면 실망스럽겠지만, 현재 우리가 뼈로 확인할 수 있는 이야기는 여기까지다.

네안데르탈인의 피날레를 이해하는 것이 여전히 어렵기만 한 것처럼, 네안데르탈인과 현대인이 처음에 어떻게 만났는지에 대해서도 쉽게 대답할 수 없다. 남부 유럽까지 내려온 네안데르탈인이 머물렀던 두 군데 지역에서 현대인도 머물렀던 흔적이 발견되었다. 혹시 그들이 같은 공간에서 함께 지냈던 걸까? 우리의 기대와는 달리 그들은 같은 시간에 함께 머물렀던 것 같지는 않다. 아슬아슬하게 서로를 놓쳤거나 어쩌면 서로를 알아보고 피했던 것 같다.

그렇게 두 집단이 스쳐 지나간 모습을 상상하게 해주는 유적이 하나 있다. 바로 북서 캅카스 지역에 있는 조지아(그루지야)의 오르트발레 클데Ort-vale Klde 유적이다. 이곳은 캅카스 남쪽으로 내려온 네안데르탈인이 마지막까지 살았던 바위그늘이다. 이곳 지층의 서로 다른 연대에서 네안데르탈인이 만든 무스테리안 석기와 초기 현대인이 사용한 이른 후기 구석기 시대의 도구들이 나왔다.

지층의 연대를 면밀하게 측정한 결과에 따르면, 네안데르탈인은 3만 8000년 전 무렵에 이 지역에서 사라졌고, 현대인은 3만 8000년 전에서 3만 4000년 전 사이에 이곳으로 들어온 것으로 보인다. 두 집단이 똑같이 가까운 산에 사는 야생 염소를 잡아먹고 살았을지언정 적어도 이 지역에

지브롤터의 고르함 동굴.

서 함께 공존하진 않았다. 좁은 영역에서 새로운 집단과 아슬아슬하게 마주치며 생존을 이어가던 네안데르탈인은 3만 8000년 전까지 그 지역에서 살았고, 현대인은 좀 더 넓은 생태 영역에 적응하여 살았던 것 같다. 이후 현대인은 흑해를 따라 캅카스 북쪽으로 진출해 더 많은 생태 자원을 이용하여 그들만의 사회를 넓혀나간 것으로 보인다.

네안데르탈인의 최후 모습을 엿볼 수 있는 또 다른 유적은 지브롤터의 고르함Gorham 동굴이다. 오르트발레 클데 유적처럼 고르함 동굴은 후기 구석기 유물과 함께 그보다 더 오래된 층위(3만 3000~2만 3000년 전)에서 무스테리안 유물을 함께 품고 있었다. 이 동굴이 매력적이었는지 네안데르탈인은 수천 년 동안 이곳을 여러 번 이용했던 듯하다. 천장이 높아서 불을 피워도 연기가 자욱하지 않고, 햇빛이 동굴 깊은 곳까지 들며, 지중해까지 훤히 내려다보였을 테니 여기야말로 플라이스토세의 명당이 아닐 수 없다. 네안데르탈인은 2만 8000년 전부터 2만 4000년 전까지 4000년 동안 이곳에 머물렀다. 이곳에서 그들은 사냥한 먹이를 가지고 와 먹기 좋게 해체하는 작업을 했고, 특정 부위를 자르거나 깨는 데에 사용한 것으로 보이는 돌로 된 도구들을 곳곳에 남겼다.

한편 현대인이 남긴 흔적인 고르함 동굴의 후기 구석기 층위는 이 집단이 네안데르탈인만큼 이곳을 자주 이용하지 않았다는 사실을 말해준다. 주인공이 다른 두 개의 층위는 분명한 경계를 이루고 있고, 이 경계 사이에는 약 5000년의 시간이 있었던 것으로 추정된다. 또 각자의 층위에 해당하는 두 인간 집단이 이 동굴에서 더불어 살았던 증거는 없었다.

사실상 이베리아 남쪽 지역에서 두 집단이 만나서 문화를 교류했던 흔적은 어디에도 없다. 네안데르탈인이 최후까지 남아 있었던 이 지역에서 그들 무리는 매우 소수였고, 현대인 집단은 아주 오랜 후에야 이곳에 나타났다. 두 집단이 어떤 모습으로 만났는지에 대해서는 아직까지 발견되지 않은 유물과 유적들이 미래에 더 많은 이야기를 해줄 것으로 믿는다.

네안데르탈인 아빠와 호모 사피엔스 엄마

네안데르탈인과 호모 사피엔스는 유럽과 중동 지역에서 수천 년 동안 함께 살았다. 그러니 둘이 교배해서 유전자가 섞였다는 사실이 완전히 이상하고 생뚱맞은 것은 아니다. 처음 만났을 땐 분명 비호감이었는데, 자주 만나다 보니 호감이 생겨 급기야 결혼까지 하는 경우도 많으니 말이다. 둘의 만남에 대해 오늘날 호모 사피엔스의 상상력으로 만들어낸 한 편의 이

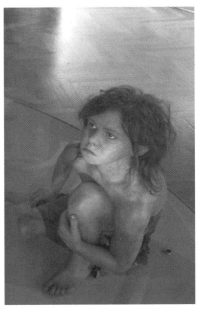

프랑스의 록 드 마르살Roc de Marsal 유적에서 발굴된 네안데르탈인 아이 뼈와
오스트리아 빈 자연사박물관에 전시된 네안데르탈인 아이의 복원 모습(오른쪽).

야기가 있다. 선사시대를 배경으로 많은 이야기를 남긴 미국인 작가 진 마
리 아우얼Jean Marie Auel의 이야기 속으로 잠깐 들어가보자.

1980년에 발표된 아우얼의 소설 『동굴곰의 부족The Clan of the Cave
Bear』(우리나라에서는 2016년 『대지의 아이들』(1부)이라는 제목으로 출간되었다)은 대중
적 인기에 힘입어 1986년 영화로 만들어졌고, 우리나라에서도 주인공의
이름을 따서 〈에일라의 전설〉이라는 제목으로 소개된 바 있다. 이야기에
는 고아가 되고 부상을 입은 크로마뇽인 소녀 에일라가 등장한다. 그녀는
네안데르탈인의 도움을 받아 그들 부족에서 길러지는데, 부족장의 아들
브라우드는 에일라를 줄곧 미워한다. 그리고 급기야는 브라우드가 에일라
를 강간하여 크로마뇽인과 네안데르탈인 사이에서 아이가 태어난다. 소설

속에서 작가는 호모 사피엔스와 네안데르탈인의 첫 만남을 이렇게 상상했던 것 같다.

네안데르탈인의 부족에서 태어난 에일라의 아들은 어떻게 생겼을까? 크로마뇽인인 에일라는 키가 크고, 네안데르탈인인 브라우드는 작지만 다부진 체격을 하고 있다. 호모 사피엔스의 상상력이 가상의 세계에서 어떻게 표현되었는지가 궁금하다면 영화를 한번 보길 바란다. 이야기는 비록 허구지만 1980년대부터 두 종류의 인류가 어떻게 처음 만났는지에 대해서 연구자들은 많은 관심을 가져왔고, 이로 인해 오늘날 현실에서 진짜 에일라와 브라우드의 첫 만남을 입증하는 과학적 증거들이 조금씩 축적되고 있다.

우리와 네안데르탈인은 머리부터 발끝까지 같은 종류의 인간이라고 하기에는 그 차이가 상당하다. 그렇다면, 그 두 인류가 만나 낳은 아기는 암컷 말과 수컷 당나귀가 만나 태어난 노새처럼 네안데르탈인과 사피엔스의 특징이 골고루 섞여 있었을까? 사실 우리는 상상하기조차 힘들 정도로 아득히 먼 과거의 옛 인류 집단들 사이에서 태어난 잡종 개체에 대해서 거의 알고 있는 바가 없다. 모르는 게 너무나도 당연하지 않은가? 두 종류의 인간이 만나 아이를 낳고 살았다는 증거를 찾을 수 있는 유일한 단서가 현재로선 화석이 된 뼈밖에 없으니 말이다.

현실에서 진짜 에일라가 낳은 아들을 찾는 일은 두 종류의 인간이 서로 교배했음을 증명하는 직접적 증거가 될 테지만, 지금은 우선 두 인류가 함께 살았던 시간과 장소에 어떤 화석들이 남아 있는지를 면밀히 검토하는 작업부터 시작하는 것이 옳을 듯하다. 짧게는 몇천 년에서, 길게는 몇만 년까지 네안데르탈인은 현대인과 같은 지역에서 비슷한 생태 자원을 이용해 살았다. 따라서 그들 사이에 교배가 일어났다는 사실이 결코 우연이라고 할 수만은 없을 것 같다.

포르투갈의 아브리구 두 라가르 벨류Abrigo do Lagar Velho라고 불리는 유적은 1998년 발굴 조사가 이루어졌는데, 이 유적 1지점에서 2만 5000년 전에서 2만 4500년 전 사이에 죽은 것으로 추정되는 세 살 반에서 다섯 살 사이의 어린아이 뼈가 발굴되었다. 시기적으로 보면, 라가르 벨류 유적의 연대는 네안데르탈인이 유럽에서 사라진 것으로 추정되는 약 3만 년 전보다 몇천 년이 더 지난 시간이고, 지리적 위치로 보자면 네안데르탈인이 유럽에서 가장 늦게까지 살아남았던 이베리아 남쪽 지역에 해당한다. 유적에서는 어린아이 뼈와 함께 조개껍데기에 구멍을 뚫어 만든 장신구와 붉은색의 오커ocher도 발굴되었다. 이 유물들은 현대인과 관련된 유물로 여겨지며, 거의 유럽 전역에 나타나는 그라베트Gravettian 문화의 유물과 상당히 유사하다.

그러나 인류학자들에게 무엇보다 이 유적과 여기에서 나온 어린아이 뼈가 매력적으로 다가오는 건, 유적의 연대와 뼈의 형태가 흥미로운 시나리오를 구성하는 데에 안성맞춤이라는 사실이다. 아프리카를 떠난 현대인은 중동을 거쳐 구대륙으로 퍼져나가 유라시아에 다다르는데, 이 무렵 이베리아 인근 지역에서 점점 소멸해가던 네안데르탈인 집단과 마주쳤을지 모른다. 그러니까 최후의 네안데르탈인 집단과 호모 사피엔스 집단이 여기서 만났고, 그 만남의 결과가 라가르 벨류 유적에 남은 어린아이일 거라는 시나리오이다.

이러한 시나리오를 뒷받침이라도 하듯, 아이의 뼈는 네안데르탈인과 초기 호모 사피엔스의 특징을 마치 모자이크처럼 절묘하게 합쳐놓은 형태이다. 턱과 치아, 아래팔뼈 근육이 달라붙었던 자리들, 골반뼈는 현대인과 비슷한 반면, 허벅지뼈와 정강이뼈의 길이 비율, 넓은 몸통, 위팔뼈의 근육이 닿았던 자리, 팔다리뼈의 강건함은 네안데르탈인과 닮았다.

물론 이 아이의 뼈가 어떤 의미를 갖는지에 대해서는 여전히 논란의 여지가 많다. 일부 학자들은 이 아이가 에일라가 낳은 아들, 그러니까 두 인류의 교배로 태어난 첫 세대가 아니라 두 집단이 이미 섞여 있던 상태에서 태어난 아이라고 봐야 한다고 주장한다. 그러나 이러한 견해에 동조하지 않는 학자들은 라가르 벨류 유적의 아이는 단지 몸이 땅딸막한 현대인 아이일 뿐이라고 주장하기도 한다. 여기에서 분명한 건, 어린아이 뼈 하나만으로는 두 인류 사이에서 벌어진 일을 완벽하게 재구성할 수 없다는 사실이다.

그렇다면 다른 뼈들을 좀 더 들여다봐야 하겠다. 13만 년 전, 네안데르탈인의 뼈가 발굴된 크로아티아의 크라피나 유적과 이스라엘의 카프제·스쿨·아무드 유적에서 나온 뼈들에는 공통점이 하나 있다. 바로 현대인에게서는 드물게 나타나는 치아의 이상 형태가 관찰된다는 사실이다. 레베카 애커먼Rebecca Ackermann은 2006년 인간을 제외한 영장류를 대상으로 한 연구에서 치아에 나타나는 특이한 형태나 배열은 순종 개체보다는 잡종 개체에서 더 흔하게 관찰된다는 연구를 발표한 바 있다. 생물학적으로도 잡종이 더 많은 형태적 변이를 보인다는 견해가 우세하다. 따라서 이러한 맥락에서 본다면 위의 유적들에서 나타나는 치아의 형태들을 잡종 개체가 보이는 특성으로 해석할 수 있다.

크로아티아와 이스라엘은 네안데르탈인과 현대인 집단이 서로 마주쳤을 가능성이 아주 높은 지역이다. 크로아티아 북쪽에 있는 빈디자 유적(4만

~3만 3000년 전)에서 나온 뼈는 네안데르탈인과 현대인의 중간형이라고 할 만한 특징을 보여준다. 예를 들면, 얼굴 가운데 부분이 앞으로 돌출된 정도가 줄어들었고, 코의 너비도 줄었으며, 머리뼈 두께가 얇아졌다. 그리고 네안데르탈인처럼 눈두덩 위가 툭 튀어나와 있지 않다.

이러한 뼈의 형태는 닥터 본즈들이 이 뼈의 주인공이 확실한 네안데르탈인인지, 현대인인지를 가늠하기 어렵게 한다. 또 체코의 믈라덱Mladeč 유적(3만 6000~3만 4300년 전)에서 발굴된 유아와 세 명의 남자들, 루마니아 페스테라 무이에리Peştera Muierii 유적(3만 6000년 전), 이탈리아 메체나Mezzena 유적(3만 4500년 전)에서 나온 뼈의 주인공들 역시 현대인과는 확실히 다르고 네안데르탈인의 특징이 섞여 있는데, 이러한 특징은 이들이 마치 종과 종 사이의 중간형이었던 것 같은 느낌이 들게 한다.

내 뼈 안의 네안데르탈인

일리노이주립대학교의 네안데르탈인 전문가 프레드 스미스Fred Smith는 네안데르탈인의 특징이 유라시아인에게 여전히 남아 있다고 말한다. 그는 네안데르탈인과 현대인의 뼈들을 면밀히 검토한 끝에 몇 가지 해부학적 특징들이 유럽의 네안데르탈인으로부터 현대인에게 그대로 전해졌다고 주장한다.

자, 지금부터 손을 머리 뒤통수에 대고 아래로 쓰다듬어보자. 머리에서 목덜미로 이어지는 부위에 가장 불룩하게 튀어나온 지점이 만져질 것이다. 뒤통수와 목덜미로 이어지는 지점에서 불룩하게 튀어나온 이 부위는 목과 등을 지탱하는 근육과 인대가 붙는 곳이다. 이 지점 바로 위에 타원형으로

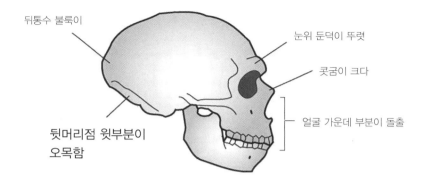

뒤통수 불룩이

눈위 둔덕이 뚜렷

콧굼이 크다

뒷머리점 윗부분이
오목함

얼굴 가운데 부분이 돌출

네안데르탈인 머리뼈에서 나타나는 특징.

움푹 들어간 부위supraimiac fossa가 있으면 네안데르탈인으로 분류된다. 이
것은 네안데르탈인 성인의 뒤통수에 나타나는 특징이기 때문이다.

분명 오늘날 우리에게는 없는 특징이다. 하지만 유럽에 살았던 초기 현
대인들은 이 특징을 가지고 있다. 네안데르탈인의 머리뼈가 아닌데도 이
러한 특징이 나타난다는 사실은 네안데르탈인과 현대인의 교배로 인해
네안데르탈인의 형태적 특징이 일부 현대인에게 전해졌다는 것을 의미한
다. 그러나 이러한 설명에 동의하지 않는 연구자들도 있어 논란의 여지는
여전히 존재한다.

이와 같은 맥락에서 뒤통수 불룩이라는 특징 역시 설명된다. 즉 일부
연구자들은 이러한 특징이 유럽에 살았던 초기 현대인에게 나타나는 이
유가 두 집단 사이에 있었던 교배의 직접 증거라고 주장하지만, 또 다른
연구자들은 이러한 주장에 동의하지 않는다. 유럽의 초기 현대인의 뒤통
수는 네안데르탈인과 확실히 닮았지만 완전히 똑같지는 않다. 네안데르탈

인의 뒤통수 불룩이보다는 그 정도가 덜해서 유럽의 초기 현대인의 뒤통수 불룩이는 절반의 불룩이라는 의미로 '헤미번hemibun'이라고 불린다.

요즘 사람들의 머리뼈만 둘러보더라도 형태나 크기에서 상당한 변이를 관찰할 수가 있다. 나는 버스 맨 뒷자리에 앉아 사람들 뒤통수 보는 걸 즐기곤 하는데, 그럴 때면 뒷머리뼈 능선이 잘 발달했는지 아닌지, 뒷머리뼈가 납작한지 볼록한지, 윗머리뼈가 넓은지 좁은지 등등 다양한 변이들을 볼 수 있다. 그러니 뒷머리뼈에서 나타나는 불룩이도 머리뼈에서 나타나는 다양한 변이 중 하나로 이해될 수 있는 요소이며, 이 특징은 시간에 따라 그 정도가 변했을 가능성이 있다.

네안데르탈인과 유럽의 초기 현대인이 공유하는 또 다른 특징은 얼굴의 중앙부가 앞으로 불룩하게 튀어나와 있다는 점이다. 코뼈를 중심으로 얼굴의 중앙부가 앞으로 돌출되어 있는 특징은 유럽인에게서 나타나는 전형적 특징이다. 마치 누군가 앞에서 코를 쥐고 잡아당긴 것 같다. 어찌나 코가 오뚝한지 집게로 콧등을 집어놓은 듯도 한데, 이러한 특징 때문에 코뼈를 보면 서양인인지 동양인인지를 쉽게 구분할 수 있다. 이러한 특징들이 실제로 네안데르탈인이 현대인에게 남긴 유산인지에 대해서는 앞으로 더 많은 연구가 이루어져야 할 것 같다.

또 유럽인보다 아시아인의 몸에 네안데르탈인의 유전자가 조금 더 높은 비중으로 남아 있다는 연구결과가 있지만, 형태적인 유사성에 대한 연구는 거의 유럽인에만 국한되어 이루어져왔다. 이건 아시아인에게는 위에서 살펴본 유럽인에게서 나타나는 특징들이 없기 때문이기도 하다. 하지만 네안데르탈인의 무리는 작았고 그들이 가진 고유한 특징은 수적으로 훨씬 많은 현대인 무리에 섞여서 희석되었기 때문에 네안데르탈인의 흔적을 찾는 작업은 결코 쉽지 않다.

뼈의 형태에 대한 이야기는 여기까지 하기로 하고, 지금부터는 뼈에서 뽑아낸 유전자에 대한 이야기로 넘어가보자. 형태적 특징에 대한 이야기는 보는 관점에 따라서 자칫 주관적일 수 있지만, 유전자 분석 결과로 네안데르탈인의 흔적을 찾는 과정은 산술적 비율로 설명되기 때문에 훨씬 더 명료하게 이해될 수 있다.

내 DNA 안의 네안데르탈인

2017년 현재 세계 인구는 무려 70억 명을 넘어섰고, 이들은 세계 곳곳에 퍼져 살아가고 있다. 오늘날 세상은 우리의 발길이 닿지 않은 곳이 없을 정도이다. 심지어 얼음덩어리 남극 대륙도 예외는 아니다. 그곳에서도 30개국에서 온 1000여 명 이상의 과학자들이 혹독한 추위와 어둠으로 가득한 겨울을 보내고 있지 않은가? 21세기를 사는 우리에게 세상은 지금도, 옛날에도 늘 사람들로 가득했던 것처럼 보인다. 하지만 역사시대 이전으로 시계를 되돌려보면 상황이 지금과는 상당히 달라진다.

먼저 20세기로 돌아가보자. 1900년경, 세계 인구는 약 16억 명 내외로 추정된다. 그러니까 당시 인구는 현재 인구의 4분의 1이 채 되지 않는 수준이다. 다시 100년을 더 되돌려 1800년경, 우리나라로 치면 조선시대 후기쯤의 세계 인구는 10억 명 내외였다. 이렇게 시간을 조금씩 계속 되돌려보자.

유럽에는 로마 제국이, 중국에는 한漢나라가 있던 1세기에 세계 인구는 약 2~3억 명에 불과했던 것으로 보인다. 이보다 더 오래된 시대의 인구를 추정하는 것은 매우 불확실한 작업이지만, 농경이 막 시작되었던 약 1만 2000년 내지 1만 년 전으로 돌아가보면 세계 인구는 겨우 500만 명 정도였던 것 같다. 서울시 인구가 1000만 명을 넘었으니, 말하자면 당시에는 서울 인구의 절반밖에 되지 않는 사람들이 전 세계에 퍼져 있었던 셈이다.

유전자 자료가 말해주는 것도 이러한 추정과 크게 다르지 않다. 유전자 자료는 과거에 실제로 몇 명의 사람들이 살았는지를 알려주지는 못하지만, 이와 비슷한 개념인 유효집단 크기effective population size를 추정할 수 있는 정보를 제공한다. '유효집단 크기'란 인구수가 변하지 않는 단순한 집단이 있다고 가정했을 때, 이 집단이 실제 유전자 자료와 여러 면에서 같은 특성을 보여주려면 인구수가 얼마가 되어야 하는지를 나타내는 값이다. 여러 가정이 만족될 경우에 유효집단 크기는 실제 인구수와 일치한다.

유전자 자료를 통해 과거 인류의 유효집단 크기를 추정해보면, 농업이 시작되기 이전에는 가장 환경조건이 좋았던 시절에도 세계 인구가 1만~2만 명 정도에 불과했던 것을 알 수 있다. 또한 유라시아인의 조상은 아프리카를 벗어나는 과정에서 심각한 인구 병목 현상population bottleneck을 겪었는데, 이때의 유효집단 크기는 겨우 1000명 남짓이었을 것으로 보인다.

전 세계의 인구규모가 이 정도인데, 과거 유럽과 중동에는 대체 얼마나 되는 네안데르탈인이 살고 있었던 걸까? 여러 증거들에 따르면 현대인과 마찬가지로 네안데르탈인의 숫자도 결코 많지 않았다. 네안데르탈인 유전체를 이용해 추정한 유효집단 크기 역시 네안데르탈인의 수가 매우 적었음을 뒷받침한다. 알타이산맥에서 발견된 네안데르탈인의 유전체에 따르면 네안데르탈인의 무리는 현대인의 유효집단 크기 궤적에서 갈라진 이후 급격히 감소한 뒤, 꾸준히 1000명 남짓한 수준에 머물렀기 때문이다.

이와 마찬가지로 네안데르탈인의 이형접합도 역시 1만 염기쌍당 2개 수준인 0.02퍼센트(현대 비아프리카인의 약 22~30퍼센트 수준)에 불과하다. 앞에서 설명했듯이, 아버지와 어머니에게서 물려받은 두 염색체가 서로 다른 염기를 갖고 있을 확률인 이형접합도는 낮은 값을 가질수록 과거 이 집단의 크기가 작았다는 것을 의미한다. 따라서 네안데르탈인의 이형접합도가 현대인보다 낮다는 말은 이들의 인구가 과거 현대인의 인구보다 훨씬 적었다는 사실을 의미한다.

다시 우리가 살고 있는 현재로 돌아오자. 6만~5만 년 전에 아프리카를 떠나 중동에서 네안데르탈인 이웃과 유전자를 나누었던 우리 조상들은 고작 수천 명에 불과했다. 그러니까 현재 세상에 살고 있는 약 60억 명의 비아프리카인은 모두 이 작은 무리의 후손들인 셈이다. 당시 아프리카를 벗어나 이주라는 도박을 선택한 결과는 배당률이 높게는 100만 배나 되는 성공적인 투자였다! 이러한 성공을 거두리라고 그 누가 짐작이나 했겠는가.

네안데르탈인은 앞에서 살펴본 것처럼 이 세기의 도박에서 2퍼센트 정도의 지분을 확보했다. 60억 명의 2퍼센트라면 단순히 계산해보아도 1억 2000만 명이다. 만약 60억 명 모두가 네안데르탈인 유전자를 2퍼센트씩 가지고 있는 대신, 네안데르탈인 1억 2000만 명이 오늘날 우리와 이웃해 살아가고 있다면 어떨까? 어쩌면 네안데르탈인은 사라진 것이 아니라 바로 지금 유전적 전성기를 누리고 있는지도 모른다. 이제부터 60억 명의 2퍼센트를 좌지우지할 수 있는 네안데르탈인 유전자가 오늘날 우리 삶에 끼치는 영향에 대해 알아보도록 하겠다.

네안데르탈인 유전자의 분포: 종분화의 서막

유전자에 대해 본격적으로 서술하기 전에 먼저 종에 대한 이야기부터 시작해보겠다. 네안데르탈인과 현대인은 같은 종일까? 여기에 대해서 이견들이 있지만 현대인이 네안데르탈인과의 교배를 통해 네안데르탈인 유전자를 얻었다는 사실만 고려한다면, 네안데르탈인과 현대인을 다른 종이라고 부르기는 어려울 것 같다.

하지만 네안데르탈인과 현대인의 형태 및 유전적 차이는 현대인 집단들 사이에서 보이는 차이보다 훨씬 크다. 아무리 어마무시하게 달라 보여도 현대인 집단들끼리의 차이는 네안데르탈인과의 차이에 비하면 새발의 피란 얘기다. 이러한 어마어마한 차이에도 불구하고 네안데르탈인과 현대인은 아무런 문제없이 교배해서 자식을 낳을 수 있었을까?

이 문제에 대답하기 위해서는 생물학에서 '종species'이 무엇을 의미하는지, 한 종이 오랜 시간이 지나면서 갈라져 두 종으로 나뉘는 종분화種分化, speciation 현상은 어떻게 일어나는지에 대해 알아볼 필요가 있다. 생물학에서 종이라는 개념은 현대적 정의가 나오기 훨씬 이전부터 존재해왔다. 우리는 오래전부터 어떤 것들은 한 범주로 묶고, 또 어떤 것들은 다른 범주로 나누면서 셀 수 없이 많은 생물들을 분류해왔다.

생물학의 종 개념은 겉모습이 서로 다른 동식물을 다른 종류로, 비슷한 동식물을 같은 종류로 구분하는 전통 지식에 뿌리를 두고 있다. 도시에서 태어나고 자라 동식물에 대해 문외한인 차도녀와 차도남들도 소와 개, 단풍나무와 벼가 다르게 생겼다는 것쯤은 알고 있다. 그러니 주변 동식물과 훨씬 더 밀접한 관계를 유지하며 살았을 전통사회에서는 동식물의 생김새나 행동의 차이도 훨씬 더 잘 알고 있었을 것이다. 동식물의 생김새나 특징을 바탕으로 생물들을 여러 '종류'로 구분하고 각각에 이름을 붙여나 갔던 전통이 현대 분류학의 시작이라고 보아도 과언이 아니다.

현대 생물학에서도 형태적 특징은 생물의 종을 분류하는 가장 중요한 기준으로 수백 년간 사용되어왔다. 이를 '형태적 종 개념morphological species concept'이라고 부른다. 형태적 종 개념은 무척 쉽고 명쾌한 것처럼 보인다. 소는 소처럼 생기고 호랑이는 호랑이처럼 생겼으니, 이 둘을 구분하는 건 당연하지 않은가? 하지만 조금 더 파고들면 이내 형태적 종 사이의 경계가 뚜렷하기보다는 매우 흐릿하다는 사실을 알 수 있다. 여기 우리 집 치와와와 옆집 시베리안 허스키가 있다. 두 개는 한눈에 보아도 생김새가 무척 다르다. 그렇다면 둘은 서로 다른 종일까? 만약 그렇다면 한 마리는 개고 다른 한 마리는 개가 아닌 말인가?

형태적 종 개념에 따라 서로 다른 종으로 분류되려면 어느 정도로 형태가 달라야만 하는 걸까? 문제는 바로 이 기준이 모호하다는 것이다. 예로 봄에 피는 진달래와 철쭉을 떠올려보자. 사실 오래 집중해서 관찰하지 않으면 어떤 꽃이 진달래이고 철쭉인지 쉽게 구분하기 어렵다. 진달래는 이른 봄 잎이 나기 전에 꽃이 피는 반면, 철쭉은 늦봄에 잎과 함께 꽃이 피며, 꽃 모양도 서로 조금씩 다르다. 따라서 이 분야의 전문가라면 모를까, 과연 이 차이가 두 식물을 다른 종으로 분류할 만한 차이인지 아닌지를 판단하는 데 대부분의 사람들은 망설일 것이다.

형태적 종 개념이 갖는 문제를 극복하고자 20세기의 저명한 진화생물학자인 에른스트 마이어Ernst Mayr는 1942년 '생물학적 종 개념biological species concept'을 제시했다. 마이어에 따르면 생물학적 종이란 자연 상태에서 교배할 수 있으며, 번식력이 있는 자손을 낳을 수 있는 집단들의 모임으로 정의된다. 이 개념에 기초하면 생물학적으로 종이 다른 생명체가 교배할 경우에는 번식력이 있는 자손을 낳지 못한다.

다른 종인 말과 당나귀 사이에서 태어난 노새가 바로 여기에 해당된다. 말과 당나귀를 보면 서로 닮은 듯도 다른 듯도 하지만, 이 둘 사이에 태어난 노새가 번식을 하지 못하기 때문에 결국 말과 당나귀는 다른 종으로 분류된다. 이처럼, 마이어는 생물학적 종 개념을 설명하면서 종의 경계를 정하는 기준으로 번식에 장벽이 생긴다는 의미를 갖는 '번식 격리reproductive isolation' 개념을 제안하였다.

마이어의 생물학적 종 개념은 종의 개념 문제를 일단락했지만 한편으로는 더 큰 논쟁을 불러일으켰다. 두 집단이 번식 격리된 것이 맞는지 선뜻 판단하기 어려운 복잡한 사례들이 계속 확인되었기 때문이다. 둥근 고리 모양의 서식지 때문에 '고리종ring species'이라고 불리는 종들 역시 바로 이 복잡한 사례에 해당된다. 고리종 중에서도 티베트 고원 주위에 빙 둘러서 서식하는 버들솔새의 경우가 잘 알려져 있다.

버들솔새는 네팔에서 기원해서 티베트 고원의 남쪽과 북쪽으로 퍼져나갔는데, 두 방향으로 퍼져나간 버들솔새들은 시베리아에서 결국 다시 만나게 된다. 그런데 티베트 고원을 빙 둘러싸는 고리 모양의 서식지에 사는 버들솔새들은 주변의 다른 집단들과 교배하여 자손을 잘 낳지만, 예외적으로 시베리아에서만큼은 그 지역에 사는 다른 집단과 서로 교배하지 않는다. 이유가 뭘까? 이유는 확산 경로의 양극단에 있는 두 집단이 이미 서로 너무 많이 달라졌기 때문이다.

이러한 사례들은 생물계의 종을 깔끔하게 분류하는 작업이 현실적으로

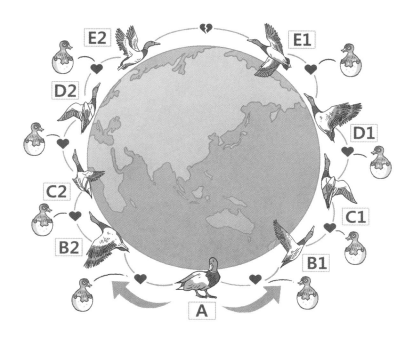

종분화의 사례를 보여주는 버들솔새.

매우 어렵다는 사실을 잘 보여준다. 즉 생물계에는 버들솔새의 경우처럼 종분화를 겪고 있는 집단들이 상당수 포함되어 있다. 이제 현대 진화생물학자들은 종을 어떻게 정의해야 하는가와 같은 문제를 넘어서, 종분화가 진행되는 다양한 사례를 연구함으로써 새로운 종이 어떻게 탄생하고 그 결과 생물계의 다양성이 어떻게 진화하는지 알아내는 데에 연구의 초점을 맞추고 있다.

다시 네안데르탈인의 이야기로 돌아가보자. 네안데르탈인과 현대인 사이에서도 종분화가 진행되고 있었을까? 앞에서도 언급했듯이, 오늘날 여러 현대인 집단들 사이에는 유전적 차이가 별로 없다. 어느 집단을 보면 너무 다르게 생겨서 엄청난 차이가 있을 것처럼 생각되기도 하지만 유전적으로는 별반 다르지 않다. 또 지금까지 이루어진 어떤 연구도 현대인 집단 사이에 번식 장벽이 존재한다는 증거를 찾아내지는 못했다. 즉 오늘날 지구상에 사는 사람들끼리는 서로 어떻게 만나든 번식하는 데에 문제가 없다. 결론적으로 현대인 집단들은 어떠한 종분화 경향도 보이지 않고 있다.

그렇다면 네안데르탈인과 현대인 사이의 관계도 마찬가지였을까? 현대인의 유전체에 숨어 있는 네안데르탈인 유전자를 연구한 결과에 따르면, 놀랍게도 네안데르탈인과 현대인 사이에 불완전한 유전적 장벽이 있었던 것 같다. 하버드대학교의 데이비드 라이히David Reich 연구진과 워싱턴대학교 시애틀 캠퍼스의 조슈아 아키Joshua Akey 연구진은 2014년 각각 『네이처』와 『사이언스』에 현대 유럽인과 동아시아인 유전체에 네안데르탈인 유전자가 어떻게 분포하고 있는지에 대한 연구결과를 발표하였다. 두 연구진은 2016년 『현대생물학Current Biology』 및 『사이언스』에 발표한 후속 논문에서 네안데르탈인 유전자의 분포도 분석을 남아시아인(인도와 파키스탄, 스리랑카)과 남태평양의 멜라네시아인까지 확장하였다.

재미있는 건 네안데르탈인 유전자 조각이 특이한 분포 양상을 보인다는 점이다. 현대인의 유전체에서 네안데르탈인 유전자의 비율이 유별나게 높은 '핫스팟hotspot'과 반대로 네안데르탈인 유전자가 전혀 나타나지 않는 '사막'이 발견된 것이다. 네안데르탈인 유전자의 핫스팟과 사막은 네안데르탈인 유전자가 현대인에게 유입된 이후 우리의 생존에 별다른 영향을 주지 않고 중립적으로 진화했다면 결코 나타날 수 없는 현상들이다.

즉 유별나게 높이 나타난 '핫스팟'의 네안데르탈인 유전자는 현대인의 생존과 번식에 도움이 되어 후손들에게 빠르게 전파된 반면, 유전자가 전혀 나타나지 않는 '사막'에서는 네안데르탈인 유전자가 현대인의 생존과 번식에 악영향을 끼쳐 후손들에게 전달되지 못한 것이다. 특히나 네안데르탈인 유전자 사막이 여럿 존재한다는 것은 현대인과 네안데르탈인의 유전자가 상당 부분 서로 잘 맞지 않는 수준까지 이르렀음을 시사한다.

네안데르탈인 유전자 사막의 특성 역시 현대인과 네안데르탈인 사이에 번식 문제가 있었다는 가설을 뒷받침하는 것처럼 보인다. 우선 상염색체에 비해 X염색체에 네안데르탈인 유전자 사막이 더 많이 분포하고, 네안데르탈인 유전자의 비율은 5분의 1 수준에 불과하다. X염색체는 여러 종에서 잡종 수컷의 생식력 감소와 관련된 유전자를 많이 포함하고 있다고 알려져 있다. 또한 남성의 생식기관인 정소testi에서 발현되는 유전자들은 유독 네안데르탈인 유전자 사막과 자주 겹친다. 분석에 포함된 열여섯 개 조직 가운데 정소를 제외하면 어떤 조직도 이런 특성을 보이지 않았다.

두 연구 모두 생식과 관련된 유전자들이 다른 유전자들에 비해 네안데르탈인 유전자 사막에 속할 확률이 높다는 것을 보여준다. 네안데르탈인 유전자 사막은 이 구역에 속한 유전자들을 네안데르탈인 조상에게서 물려받았을 경우 현대인 조상에게서 물려받았을 때보다 생존과 번식에 불리했기 때문에 만들어진다. 네안데르탈인 유전자는 특별히 생식 기능 면에서 현대인 유전자와 잘 맞지 않았던 것일까? 이러한 결과는 네안데르탈인과 현대인이 만났을 때 이미 부분적으로 종분화가 진행되고 있었음을 암시한다.

이러한 양상은 종분화를 겪고 있는 두 집단 사이의 잡종에서 흔히 나타나는 현상인 '홀데인 규칙Haldane's rule'을 연상시킨다. 저명한 생물학자 존 홀데인John Haldane의 이름을 딴 이 현상에 따르면, 서로 가까운 두 종이 교배해서 낳은 자손이 일부만 불임일 때, 보통 성염색체 두 종류를 다 갖고 있는 성은 불임인 반면에 한 종류의 성염색체만 갖고 있는 경우는 번식을 할 수 있다. 사람의 경우 남성은 X염색체와 Y염색체를 둘 다 하나씩 갖고 있는 반면, 여성은 X염색체만 두 개를 갖고 있다. 따라서 네안데르탈인과 현대인 사이에 생긴 자식들이 불임 문제를 겪었다면 성염색체가 XY인 남성 자손들이 더 심각한 문제를 겪었을 것이다.

네안데르탈인의 착한 유전자

프린스턴대학교의 피터Peter와 로즈메리 그랜트Rosemary Grant 부부는 1973년부터 갈라파고스제도에 서식하는 핀치새를 연구하기 시작했다. 핀치새에 대한 이 부부의 장기 생태 연구는 조너선 와이너의 1994년 책『핀치의 부리The beak of the finch』에 잘 소개되어 있다. 남아메리카 대륙에서 2000킬로미터나 떨어져 있는 갈라파고스제도에는 열 종이 넘는 핀치새가 살고 있다. 하지만 이들은 모두 약 300만~200만 년 전에 남아메리카에서 건너간 한 종의 후손들이다. 처음엔 한 종이었지만 갈라파고스의 다양한 환경 속에서 서로 다른 먹이를 먹고 살게 되면서 결국 다른 종으로 분화해 자신들에게 가장 적합한 부리나 발을 갖게 된 것처럼 보인다.

여기에서 재미있는 사실은, 해마다 환경에 따라 핀치 집단의 부리 형태가 변했다는 점이다. 이를테면, 가뭄이 장기간 이어진 후에는 핀치새의 먹이도 크고 단단한 씨앗밖에 남지 않아서 그해에 살아남은 핀치들의 부리는 전년도에 비해 더 크고 두꺼워져 있었다. 부리가 크고 두꺼운 핀치새들은 크고 단단한 씨앗을 잘 깰 수 있었고, 그 결과 더 잘 살아남아 번식할 수 있

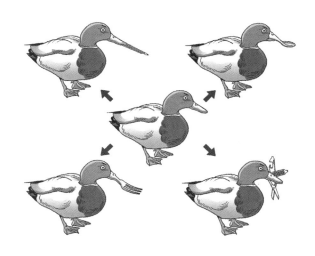

다양한 부리 모양이 빠르게 진화하는 가상의 적응방산 사례.

었기 때문이다. 한편 가뭄이 지나간 다음에 다시 부드러운 먹이가 늘어나자, 집단 내 핀치의 부리는 다시 작고 두께가 얇아지는 쪽으로 변했다.

갈라파고스섬의 핀치새는 한 종이 다양한 서식 환경에 적응하여 여러 종으로 빠른 시간 내에 분화하는 '적응방산adaptive radiation'의 사례를 잘 보여준다. 적응방산은 열이나 빛이 일순간에 퍼져 나가는 것처럼 생물 종이 다양한 모습으로 분화되는 현상을 의미한다. 뿐만 아니라 갈라파고스의 핀치새는 변화하는 환경에 잘 적응하는 개체들이 생존과 번식의 확률을 높여 더 잘 살아남는다는 자연선택의 기본 원리도 생생하게 보여준다.

그랜트 부부가 수행한 갈라파고스섬의 핀치새 연구는 사람들이 어떻게 자연선택과 진화를 오해하는지에 대해 중요한 의미를 시사한다. 사람들은 흔히 자연선택에 의한 진화가 결코 변하지 않는 최적의 형질을 향해 나아간다고 생각하곤 한다. 하지만 이는 사실과 매우 다르다! 진화는 고정불

변의 이상향을 좇지 않는다. 진화는 주어진 환경에 대한 즉각적인 반응일 뿐 결코 완벽한 결과일 수는 없다. 갈라파고스섬에 가뭄이 왔을 때와 가뭄이 지나갔을 때 핀치의 부리는 각각 크고 두꺼워졌다가 다시 작고 얇아졌다. 가뭄이라는 특정한 환경 조건 때문에 핀치새의 부리가 즉각적으로 반응한 것이지, 이러한 변화가 모든 조건에 대해 완벽하게 대응할 수 있는 결과물은 아니라는 말이다.

비슷한 얘기로 우리는 살아남았고 네안데르탈인은 사라졌기 때문에 우리의 조상이 네안데르탈인에 비해 모든 면에서 더 진화했고 더 적응적이었다고 생각하는지? 이렇게 생각한다면 큰 오산이다. 가뭄이 지나자 핀치새의 부리 모양이 다른 방향으로 변화했듯이, 자연선택은 결코 미래를 예측하지 못한다. 마찬가지로 자연선택은 모든 환경에 완벽하게 적응하는 형질보다는 각자가 처한 환경에 잘 적응하는 생물체를 만들어낸다.

갈라파고스섬에서 벌레나 선인장 열매, 여러 가지 씨앗에 각각 적응하여 여러 종으로 갈라진 핀치새가 바로 그런 사례이다. 다양한 환경의 모든 요소에 대해서 완벽하게 성공에 이르는 전략이라는 건 현실적으로 존재하기 어려울 뿐만 아니라, 설령 존재하더라도 한 집단이 그 모든 환경적 요소를 꾸준히 겪지 않는다면 그러한 형질이 진화될 이유가 없기 때문이다.

네안데르탈인은 유럽에서 최소 10만 년 이상 살았다. 반면 현대인은 약 10만~5만 년 전 아프리카를 떠나기 전까지는 줄곧 사하라 이남 아프리카에서만 살아왔다. 과거 지구의 기후는 끊임없이 바뀌었다. 유럽과 사하라 이남 아프리카의 기후 역시 네안데르탈인과 현대인이 갈라진 55만 년 전 이후 지속적으로 변해왔다. 유럽의 기후는 아프리카에 비해 훨씬 추웠고,

계절에 따라 일조량과 밤낮의 길이가 크게 달랐다. 기후가 다르면 서식하는 병원균의 밀도와 종류도 크게 다를 수밖에 없다. 따라서 현대인이 아프리카 밖에서 맞이한 환경은 그들에게 전에 본 적 없는 낯섦 그 자체였을 것이다.

하지만 5만 년 전 유럽의 네안데르탈인에게 이 환경은 그들의 조상이 수만 년에 걸쳐 대대로 살아온 환경이었다. 크고 단단한 부리를 가진 핀치새만이 가뭄을 겪으며 살아남았듯이, 수십만 년 전 유럽으로 이주한 네안데르탈인의 조상 중 낯선 환경에 잘 적응할 수 있었던 개체들이 더 잘 살아남고 번식하여 유럽 환경에 유리한 유전자들을 늘려나갔을 것이다.

이 과정을 거치며 네안데르탈인 유전자 풀에는 유럽 환경에 대한 '국지 적응local adaptation'이 축적되었다. 즉 5만 년 전의 네안데르탈인은 5만 년 전의 현대인에 비해 아프리카 밖의 환경에 적응하는 데에 도움을 주는 유전자를 더 많이 갖고 있었을 것이다. 또 현대인들 중에서는 당시 환경에 더 적응적인 네안데르탈인 유전자를 갖고 있는 개체가 더 잘 살아남고 번식하여 네안데르탈인 유전자를 널리 퍼뜨렸으리라. 현대인이 아프리카 밖의 환경에 적응하기 위해 네안데르탈인이 오랫동안 축적한 유전자를 빌렸다는 가설은 매우 그럴듯해 보인다.

만약 이 가설이 맞는다면, 유라시아 환경에서 도움이 되는 네안데르탈인 유전자들은 현대인 사이에서 매우 높은 빈도로 발견되어야 한다. 앞에서 설명했던 네안데르탈인 유전자 '핫스팟'이 바로 그런 사례이다. 핫스팟에 속하는 네안데르탈인 유전자를 살펴보면 피부와 관련된 유전자들이 눈에 들어온다.

예를 들어 *BNC2* 유전자는 피부를 구성하는 표피세포에서 발현되며 유럽인의 피부색과 연관되어 있는데, 유럽인의 약 70퍼센트가 네안데르탈인에게서 이 유전자를 물려받았다. *POU2F3* 유전자의 경우에는 표피세포의 증식과 분화를 조절하는 중요한 전사조절인자transcriptional regulatory factor를 암호화하는데, 동아시아인의 약 66퍼센트에서 이러한 네안데르탈인 유전자를 발견할 수 있다.

또한 케라틴 섬유와 관련된 유전자들은 전반적으로 네안데르탈인에게서 물려받은 비율이 훨씬 높았다. 마찬가지로 지질대사에 관여하는 유전자들 역시 네안데르탈인에게서 물려받았을 확률이 매우 높았다. 이렇게 본다면 네안데르탈인의 피부는 계절마다 크게 바뀌는 유라시아의 날씨를 이겨내기 위해 좀 더 특별하게 디자인된 형질이었던 것 같다.

주로 커다란 동물을 사냥해서 먹고 살았던 네안데르탈인이었기에 지질lipid, 脂質이 풍부한 식단에 적응할 수밖에 없었던 것은 아닐까? 네안데르탈인 유전자 조각들의 기능을 하나하나 밝혀낼 때마다 우리는 네안데르탈인이 오늘날 우리 몸에 남긴 유산의 가치를 이해하는 데에 한 발자국씩 다가가고 있다.

네안데르탈인 유전자가 우리에게 남긴 유산

앞서 제5장에서 언급했듯이, 인류유전학의 목표 가운데 하나는 질병을 비롯한 여러 형질들의 유전적 기반을 이해하는 것이다. 유전체에 흩어져 있는 변이를 찾아내고 분석할 수 있는 기술이 발달하던 2000년대 중반 이후, 유전학자들은 여러 형질에 관여하는 유전자를 찾아내는 대규모 연구인 전장유전체 연관분석genome-wide association study(GWAS)을 통해 현재까지 총 1만 6000건이 넘는 변이와 형질 사이의 상관관계를 찾아냈다.

뉴스에서 최신 연구성과를 소개할 때 흔히 암 유전자, 비만 유전자, 당뇨 유전자와 같이 'ㅇㅇ 유전자'라는 말을 쓰곤 한다. 암 유전자라는 용어는 '이 대립유전자를 갖고 있는 한국인의 경우 50세 이상이면 위암 발병률이 이 대립유전자를 갖고 있지 않은 경우에 비해 1.01배인 변이'라고 설명하는 것보다 훨씬 단순 명료해 보인다. 언론에서 이런 용어를 사용하는 이유도 아마 사람들의 주목을 끌고 즉각적으로 메시지를 전달할 수 있기 때문일 것이다.

하지만 이런 용어는 사람들로 하여금 오해를 불러일으키기도 한다. '암 유전자'라는 용어를 듣고 방금 전에 말했던 정확한 설명을 떠올리는 사람이 얼마나 될까? 오히려 '이 유전자를 갖고 있으면 반드시 암에 걸리고, 이 유전자가 없으면 암에 걸리지 않는다'와 같은 강한 인과관계를 떠올리는 사람이 대부분 아닐까? 사람들이 흔히 하는 이런 식의 오해를 풀려면 형질의 유전적 기반에 대해 유전학자들이 알아낸 사실들을 알아볼 필요가 있다.

유전자와 형질 사이에 강한 인과관계가 존재한다는 생각, 즉 한 유전자가 형질을 '결정'한다는 생각이 널리 퍼진 데에는 교과서에서 다룬 사례들의 영향력이 컸다. 아프리카의 '낫모양적혈구빈혈증sickle cell anemia'은 자연선택, 특히 상반된 두 선택압이 줄다리기를 하는 '안정화 선택balancing selection'의 대표적인 사례이다.

이 병에 걸린 사람은 적혈구가 낫 모양으로 변형되는데, 이 때문에 적혈구가 산소와 쉽게 결합하지 못해 심각한 빈혈을 갖게 된다. 이 병을 일으키는 변이는 적혈구에서 산소를 운반하는 단백질인 헤모글로빈에 나타난다. 만약 부모 양쪽에게서 이 변이를 물려받으면 낫모양적혈구빈혈증에 걸려 심한 빈혈로 일찍 사망하게 된다. 반면에 이 변이를 물려받지 않으면 빈혈은 없지만 말라리아에는 무척 취약해진다.

재미있는 건, 부모 중 한쪽에서만 이 변이를 물려받으면 말라리아에 저항성을 지닐 뿐만 아니라 빈혈이 심하지 않아서 살아가는 데에 큰 지장이 없다는 사실이다. 이 특이한 사례의 경우, 헤모글로빈 유전자에 변이를 갖고 있으면 반드시 낫 모양 적혈구를 갖게 되고, 낫 모양 적혈구는 오직 이 유전자가 있을 때만 나타난다. 그러니까 이 경우엔 변이와 표현형 사이에 일대일 관계가 성립하는 것이다.

그렇다면 유전자와 형질의 관계가 늘 이렇게 단순하고 명료할까? 현실은 정반대에 가깝다. 한 유전자에 의해 형질이 결정되는 '멘델 형질Mende-lian trait'은 유전자의 영향력을 가장 잘 보여줄 수 있는 사례이기 때문에 교과서에 실려 있다고 보는 게 맞다. 하지만 교과서에서 배운 것과는 달리 실상은 복잡하기 그지없다. 즉 멘델 형질보다 훨씬 일반적인 것은 한 형질에 수많은 유전자와 환경 요인들이 각기 조금씩 영향을 미치는 '다유전자 형질polygenic trait'이다.

사람의 키를 한번 생각해보자. 우리는 이미 유전적 요인이 키에 많은 영향을 미친다고 알고 있다. 부모가 키가 크면 자식들도 크기 마련 아닌가? 실제로 유전학자들은 부모와 자식 사이의 키 상관관계를 연구하여 유전적 요인이 키의 변이에 미치는 영향이 약 80퍼센트에 달한다는 결과를 발표한 바 있다. 이를 뒷받침하듯, 2014년『네이처 제네틱스Nature Genet-ics』에 발표된 최신 논문에서는 무려 25만 명의 유전자 자료를 이용해 키에 영향을 주는 변이 697개를 찾아낸 바 있다.

하지만 이런 결과를 보고 키가 유전적 영향만 받는다고 생각하면 큰 오산이다. 이 연구들은 키의 세대 간 차이나 키에 영향을 주는 것으로 알려진 다른 환경 요인들을 이미 통제한 경우이기 때문이다. 우리나라 남성의 경우 50대 평균 키는 약 166센티미터인 반면, 20대 평균 키는 172센티미터 정도로 한 세대 만에 6센티미터나 증가하였다. 한국인의 유전자 풀이한 세대 만에 크게 변화했을 리는 없기 때문에, 이는 영양 상태 등의 환경조건에 따른 변화로 보아야 한다. 키 사례처럼 대부분의 형질들은 수많은 유전적 변이와 환경 요인이 복합적으로 작용한 결과이다.

한편 질병에 걸릴 확률에 영향을 주는 유전자를 연구하던 학자들은 선뜻 이해하기 어려운 현상을 발견했다. 그것은 바로 여러 질병에 걸릴 위험을 높여주는 변이, 즉 '위험 대립유전자risk allele'들 중 상당수가 '양성 자연선택positive natural selection'을 겪었다는 사실이다. 양성 자연선택이란 유전자 변이가 생존과 번식에 도움을 주기 때문에 집단 안에서 빠른 속도로 퍼져나가는 현상을 말한다.

그러니까 이 현상은 현재 질병 위험을 증가시키는 유전자 변이 상당수가 아이러니하게도 과거에는 생존과 번식에 도움이 되는 기능을 갖고 있었다는 의미이다. 면역계가 외부 병원균이 아니라 자기 자신의 세포를 공격해 생기는 '자가면역질환autoimmune diseases'과 관련된 유전자 상당수가 바로 이런 현상을 보이는 유전자들이다.

도대체 어떻게 질병 위험을 높이는 유전자가 과거에는 우리 조상의 생존과 번식에 도움을 주었던 것일까? 이 역설을 이해하기 위해서는 우리 조상이 살았던 환경이 끊임없이 변화했고, 유전자가 생존과 번식에 도움을 줄지 해를 끼칠지는 전적으로 환경에 달려 있다는 점을 다시금 상기해볼 필요가 있다. 특히나 우리 조상은 급격한 환경 변화를 여러 차례 겪었다.

우선 6만~5만 년 전 아프리카를 벗어나 유라시아의 고위도 환경으로 진입했고, 약 1만 2000년 전부터는 농경과 목축을 시작했다. 아프리카에 비해 유라시아에는 병원균의 종류와 수가 적었기 때문에 고위도 환경에서는 면역계에 대한 과도한 투자를 줄이는 것이 보다 더 이로웠을 것이다.

반면 농업이 시작되면서부터는 인구밀도가 급격히 증가했을 뿐만 아니라 각종 가축과의 접촉도 빈번하게 이루어졌다. 이렇게 새로운 환경은 각종 병원체가 새로운 희생자를 찾아 옮겨 다니기에 용이한 기회를 자연스럽게 제공했다. 따라서 농업이 시작된 이래 면역계는 이전보다 할 일이 훨씬 많아졌을 것이다.

자가면역질환에 대한 가설 가운데 하나는, 이 시기에 수많은 병원균 감염에 대처하기 위해 활성화한 면역유전자들이 일으키는 부작용이라는 설명이다. 이와 관련하여, 시카고대학교의 나카고메 시게키中込滋樹는 현대 유럽인 사이에서 양성 자연선택을 강하게 겪었던 것으로 알려진 여덟 개의 유전자 변이가 언제부터 선택압을 겪기 시작했는지 추정한 결과를 2016년『분자생물학과 진화』에 발표하였다.

그 결과, 이 연구에 포함된 자가면역질환 관련 유전자 네 개 가운데 자가면역질환 위험성을 높이는 세 개의 변이는 모두 현대인이 유럽에 들어온 이후인 4만 년 이내에 유럽인 사이에서 퍼져나가기 시작했던 것으로 추정되었다. 특히 이 중 두 개는 농업이 시작된 이후에 퍼져나가기 시작했을 가능성이 가장 높았다. 반면에 자가면역질환 위험성을 낮추는 변이 하나는 4만 2000년 전보다 더 오래전에 퍼져나가기 시작했을 확률이 50퍼센트 이상이었다. 몇 개 안 되는 유전자만 분석되기는 했지만, 고위도 환경에 진출하면서 면역 기능의 수준이 낮아졌고 농업이 시작된 이래 다시 면역 기능의 수준이 높아졌을 것이라는 가설과 부합하는 재미있는 결과이다.

고위도 유럽에서 오랫동안 살았던 네안데르탈인의 유전자는 현대인 안에서 어떤 선택압을 겪었을까? 과거 우리 조상에게는 도움을 주었지만, 현재 우리에게는 좋지 않은 네안데르탈인 유전자들이 있을까? 현대인이 보여주는 다양한 형질들 가운데 네안데르탈인 유전자가 기여하고 있는 바가 있을까?

밴더빌트대학교의 존 카프라John Capra 연구진은 이러한 질문에 대답하기 위해 전자의료기록electronic health record(EHR)에 주목했다. 전자의료기록 자료는 유럽계 미국인 약 2만 8000명의 유전자 자료뿐만 아니라 무려 1000가지에 이르는 다양한 표현형 측정치를 포함하고 있다. 카프라 연구진은 이들의 유전자 자료에 포함된 네안데르탈인 유전자 조각들이 어떤 표현형과 상관관계를 보여주는지 분석하여, 흥미로운 결과들을 얻어내었다.

우선 이 연구에서는 네안데르탈인 유전자가 우울증과 햇빛 노출에 따른 피부 병변 등 여러 표현형의 유전적 기반을 일부 설명한다는 것을 보여주었다. 즉 현대 유럽인이 우울증이나 피부 병변을 겪을 확률에 영향을 주는 유전적 요인 중 일부가 네안데르탈인 유전자라는 것이다. 또한 혈액의 과응고 및 담배 중독 위험성 등을 높여주는 네안데르탈인 유래 유전자 변이 또한 발견되었다. 마지막으로 1000여 개에 달하는 표현형 자료를 넓은 범주로 분류해보면, 신경질환이나 정신질환 관련 표현형과 근골격계 관련 표현형의 경우 유난히 네안데르탈인 유전자와 연관되어 있을 확률이 높은 것으로 나타났다.

네안데르탈인 유전자 조각들은 많은 형질들에 어떻게 영향을 미치는 것일까? 이 질문에 답하기 위해 앞에서 소개했던 조슈아 아키 연구진은 네안데르탈인 유전자가 유전자 발현에 미치는 영향을 연구했다. 한 조직에서 어떤 유전자가 얼마나 발현되는지를 알기 위해 유전학자들은 흔히 중간산물인 전령 RNA 혹은 mRNA의 양을 측정한다. 단백질을 만들려면 우선 유전자에 해당하는 DNA를 상보적인 RNA 분자로 복사하는 전사 과정을 거친다. 이렇게 전사된 RNA는 일련의 가공 과정을 거친 다음 리보솜이라는 세포 소기관에서 대응되는 아미노산 서열의 단백질로 번역된다.

전령messenger RNA, 즉 mRNA는 이 RNA가 DNA와 단백질 사이에서 정보를 전달해준다는 뜻에서 붙은 이름이다. RNA는 단백질에 비해 양을 측정하기 쉽고, 최종산물인 단백질의 양과 중간산물인 mRNA의 양이 어느 정도 비례하기 때문에 유전학자들은 mRNA를 통해 유전자 발현량을 연구한다.

아키는 사람의 52개 조직에서 mRNA의 발현량을 측정하고 분석한 유전자-조직-발현 프로젝트Genotype-Tissue Expression Project 자료를 통해 이 문제에 접근했다. 특히 유전자 별로 네안데르탈인과 현대인 대립유전자를 각각 하나씩 갖고 있는 사람들의 자료에 주목했다. 두 대립유전자가 유전자 발현에 주는 영향이 같다면 네안데르탈인과 현대인 대립유전자에서 비슷한 양의 mRNA가 생성될 것이다. 반대로 네안데르탈인 대립유전자가 이 유전자의 발현을 높이는 역할을 한다면 네안데르탈인 대립유전자에서 전사된 mRNA의 양이 더 많을 것이다.

네안데르탈인 유전자가 유전자 발현에 미치는 영향은 광범위했다. 네안데르탈인 유전자 조각이 발견된 약 2000개의 유전자 가운데 무려 800개 가까운 유전자에서 네안데르탈인과 현대인 대립유전자 사이의 발현량 차이가 발견되었다. 이 중 절반에서는 네안데르탈인 대립유전자의 발현량이 상대적으로 높았고, 나머지 절반에서는 발현량이 낮았다. 이런 유전자들 중에는 자가면역질환과 연관된 것으로 널리 알려진 유전자들도 포함되어 있었다.

또 흥미롭게도 여러 뇌 조직들과 정소에서는 이런 5 대 5 비율이 지켜지는 대신, 반 이상의 경우에 네안데르탈인 대립유전자가 덜 발현되었다. 다른 조직들과는 달리 뇌나 정소에서 네안데르탈인 유전자를 발현하는 것이 특별히 더 나쁜 영향을 미쳤기 때문일까? 아키는 이에 동의하지 않는 것 같다. 이 생각이 맞는다면 발현량이 줄어든 네안데르탈인 유전자를 제거하는 방향으로 자연선택이 일어났어야 하는데, 그런 흔적을 발견하지 못했기 때문이다. 이 연구를 보면 네안데르탈인과 현대인 유전자가 서로 다른 방식으로 작동하기는 하지만 특별히 어느 한쪽의 작동방식이 생존과 번식에 더 유리했던 것 같지는 않다.

우리 유전체에서 네안데르탈인 유전자는 겨우 2퍼센트 정도만을 차지한다. 이 2퍼센트의 의미가 정확히 무언지 아직 명확하게 다 밝혀지진 않았다. 어쩌면 네안데르탈인 유전자는 우리가 생각했던 것보다 우리의 일상과 건강에 더 많은 영향을 끼치고 있는지 모른다. 앞으로 네안데르탈인 유전자에 대한 연구가 계속된다면 네안데르탈인이 우리에게 남긴 유전적 유산을 더 잘 이해하게 됨은 물론, 네안데르탈인이 어떤 존재였는지에 대해서도 더 깊이 이해하게 될 날이 올 것이다.

지구상의 모든 동물이 절멸하거나 진화하는 것처럼 네안데르탈인도 그 중 하나의 길을 택했다. 그 결과 그들은 절멸했고 우리 호모 사피엔스는 지구상의 유일한 인류로 살아남아 계속 진화 중이다. 하지만 우리가 인류 진화사의 대미를 장식할 수 있을지 아닐지는 알 수 없다. 그만큼 진화의 역사는 다이내믹하다. 다이내믹했던 진화사만큼이나 네안데르탈인에 대한 우리의 평가에도 많은 기복이 있었다.

한때 '미개한 원시인'의 대표주자로 인식되었던 네안데르탈인이지만 오늘날 그들은 거의 모든 면에서 재평가되고 있다. 특히 최근 10여 년 남짓 계속 되어온 유전체학의 혁명으로 그들은 야수에서 인간성을 갖춘 사람의 이웃으로 180도 바뀌었다.

지금까지의 연구는 우리가 그들과 맺었던 수만 년 전의 인연이 지금도 여전히 우리 삶에 지대한 영향을 미치고 있다는 사실을 밝혀주었다. 하지만 그들의 마음 생김새가 어땠는지에 대해서는 여전히 알아내야 할 부분들이 많이 남아 있다. 따라서 이 수상한 이웃 인류를 탐구하는 과정은 앞으로도 계속될 것이다. 수만 년, 아니 그 이상 계속될지 모를 네안데르탈인과의 인연이 우리 몸에 남긴 흔적을 쫓는 작업에 동참해야 할 필요가 바로 여기에 있다.

나오며

이 책을 쓰는 동안 네안데르탈인이 3만 년 전 멸종하지 않고 우리 곁에 남아 있다면 어땠을까 하는 상상을 내내 했다. 만약이지만 우리와 그들은 어떤 모습으로 살아가고 있을까? 〈스타 트렉〉 시리즈에 나오는 커크 선장과 스팍처럼 종을 뛰어넘는 우정을 나누며 서로 사이좋게 살았을까? 아니면 〈아바타〉처럼 원하는 자원을 얻기 위해 네안데르탈인을 희생시키며 열등한 존재로 차별하며 살았을까? 역사에 기록된 수많은 갈등과 착취의 사건들이 지금도 곳곳에서 일어나고 있는 것을 보면 우리와 네안데르탈인의 관계도 〈스타 트렉〉보다는 〈아바타〉의 나비족과 인류 사이의 관계와 더 닮지 않았을까 하는 상상을 해본다.

인류 진화사에 존재했던 다양한 존재들 중 이 책에서 유독 네안데르탈인의 이야기를 하고 싶었던 건 많은 부분에서 우리와 가장 비슷한 존재임에도 불구하고 100년이 훨씬 넘는 시간 동안 숱하게 왜곡되고 제대로 알려지지 못했기 때문이다. 이 분야의 연구는 유효기간이 유독 짧다. 새로운 증거들이 속속 드러날 때마다 바뀌어가는 이 새로운 이야기는 이제 네안데르탈인이 인류의 기원과 진화라는 무대에서 결코 단역으로 사라지지 않았다고 말한다.

네안데르탈인이 처음 발견된 19세기 중반 이후 그들을 바라보는 사람들의 시선에도 많은 변화가 있었다. 구부정하게 허리를 숙인 털북숭이 야수에서부터 정교한 도구와 불을 다루었지만 여러 가지로 현대인보다는 부족한 존재였기에 결국 사라질 수밖에 없었던 슬픈 원주민, 그리고 그저 운이 없어 사라졌을 뿐 현대인과 비교해 조금도 부족할 것이 없는 빙하기 유럽의 영리한 지배자까지. 네안데르탈인을 바라보는 우리의 시각은 타자에 대한 두려움과 혐오, 경멸, 때로는 경쟁심과 경외감이 뒤섞인 복잡한 감정을 시대별로 잘 반영하고 있는 듯하다. 그러니 이들에 대한 연구는 멸종한 인류에 대한 과학적 접근이면서 동시에 우리가 타자를 바라보는 오해와 편견의 시선을 바로잡아가는 과정이기도 하다.

오늘날 네안데르탈인은 거의 모든 면에서 새롭게 평가되고 있다. 지금까지의 연구는 우리가 그들과 맺었던 수만 년 전의 인연이 지금도 여전히 우리 삶에 지대한 영향을 미치고 있다는 사실을 밝혀주었다. 여러 분야의 최신 연구는 그들이 정교한 도구를 만들고 아프거나 다친 동료를 돕고 죽은 가족을 기렸다는 것, 언어를 사용했을지도 모른다는 것, 이 글을 나누고 있는 우리의 조상이기도 하다는 것을 알려주었다. 그들도 우리처럼 몸치장을 했고 예술적 감수성을 가졌으며 종교적 활동에 열을 올리기도 했다. 게다가 그들만의 상징체계로 다양한 감정을 표현하고 협력하며 살아갔다.

어디 이뿐이랴. 최근 10여 년 남짓 계속 되어온 유전체학의 혁명은 우리와 함께 공존의 역사를 쌓았던 네안데르탈인의 흔적이 우리 몸속의 유전자로 남아 있다는 사실까지 알려주었다. 이러한 결과는 우리가 지금껏 무의식중에 우리와 네안데르탈인 사이에 쌓았던 벽을 서서히 허물게 한다. 네안데르탈인은 사라졌지만 사라진 게 아니고, 멸종했지만 이건 멸종이 아니다.

지난날의 편견 또는 환상을 걷어내고 보니 우리 모두 2퍼센트의 네안데르탈인이었다! 네안데르탈인과의 인연이 우리 몸에 남긴 흔적을 쫓는 작업에 우리 모두 관심을 갖고 동참해야 하는 이유가 바로 여기에 있다. 3만 년 전까지 우리와 함께 지구를 거닐었던 수상한 이웃 인류의 참모습에 가까이 다가가는 과정은 앞으로 계속될 것이다. 결국 이 책의 이야기는 우리의 이야기이며, 그들의 진면모를 파악하는 과정은 진정한 우리의 모습을 찾아가는 과정이 될 것이다. 더불어 이 과정은 세계 곳곳에서 여전히 높은 벽을 쌓으며 살아가는 우리에게 비슷하지만 다른 존재를 동등한 시각에서 바라보게 하는 연습이 되리라 믿는다.

도판 출처

18쪽 (왼쪽)https://commons.wikimedia.org/wiki/File:Sahelanthropus_tchadensis_IMG_2948.J PG
(오른쪽)https://commons.wikimedia.org/wiki/File:Sahe_tchadensis.jpg

22쪽 https://commons.wikimedia.org/wiki/File:Neanderthal_Museum_18.jpg

26쪽 https://commons.wikimedia.org/wiki/File:Sapiens_neanderthal_comparison_en_blackb ackground.png

29쪽 https://commons.wikimedia.org/wiki/File:Pointe_Moust%C3%A9rienne_MHNT_PRE_20 09.0.205.4_De_Maret.jpg

35쪽 https://es.m.wikipedia.org/wiki/Archivo:Reconstitution_sepulture_Chapelle-aux-Saints.jpg

41쪽 https://ru.wikipedia.org/wiki/Файл:Неандерталец_ла-шапель-о-сен_Ф_Купка.jpg

43쪽 https://commons.wikimedia.org/wiki/File:Natural_History_Museum_199_(8043307815).j pg

45쪽 https://pixabay.com/p-1767690/?no_redirect

46쪽 https://commons.wikimedia.org/wiki/File:Krapina_Neanderthal_Museum_in_Krapina,_ Croatia,_Interior_2015-05-06_(1444).JPG

52쪽 https://commons.wikimedia.org/wiki/File:Spy_Cave_-_30.jpg

55쪽 https://commons.wikimedia.org/wiki/File:Neanderthaler_Fund.png

59쪽 https://commons.wikimedia.org/wiki/File:Homo_naledi_hand.jpg

67쪽 https://pt.wikipedia.org/wiki/Feldhofer_Grotte

111쪽 ⓒ 우은진

121쪽 https://commons.wikimedia.org/wiki/File:Bautzen_Gro%C3%9Fwelka_-_Sauriergarten_-_Neandertaler_01_ies.jpg

146쪽 https://tr.wikipedia.org/wiki/Neandertal

153쪽 https://commons.wikimedia.org/wiki/File:Hyoid_in_throat.jpg

154쪽 https://commons.wikimedia.org/wiki/File:The_classical_Wernicke-Lichtheim-Geschwind_model_of_the_neurobiology_of_language_fpsyg-04-00416-g001.jpg

156쪽 https://en.wikipedia.org/wiki/Kanzi

169쪽 https://commons.wikimedia.org/wiki/File:MtDNA-MRCA-generations-Evolution.svg

208쪽 https://commons.wikimedia.org/wiki/File:Gorham%27s_Cave.jpg

210쪽 (왼쪽)https://commons.wikimedia.org/wiki/File:Neanderthal_child_(1).jpg
(오른쪽)https://commons.wikimedia.org/wiki/File:NHM_-_Neandertaler_Modell_1.jpg

215쪽 https://en.wikipedia.org/wiki/Occipital_bun

우리는 모두 2% 네안데르탈인이다

2018년 3월 16일 초판 1쇄 펴냄
2022년 10월 25일 초판 2쇄 펴냄

지은이   우은진 정충원 조혜란

펴낸이   정종주
편집주간   박윤선
편집   박소진 김신일
마케팅   김창덕

펴낸곳   도서출판 뿌리와이파리
등록번호   제10-2201호(2001년 8월 21일)
주소   서울시 마포구 월드컵로 128-4 2층
전화   02)324-2142~3
전송   02)324-2150
전자우편   puripari@hanmail.net

일러스트   박수영
디자인   정은경디자인
종이   화인페이퍼
인쇄 및 제본   영신사
라미네이팅   금성산업

ⓒ 우은진 정충원 조혜란, 2018

값 15,000원
ISBN 978-89-6462-096-0 (03470)

이 도서의 국립중앙도서관 출판예정도서목록(CIP)은 서지정보유통지원시스템 홈페이지(http://seoji.nl.go.kr)와 국가자료공동목록시스템(http://www.nl.go.kr/kolisnet)에서 이용하실 수 있습니다.(CIP제어번호: CIP2018007431)